职业院校机电一体化专业系列教材

# 低压电器控制技术

主　编　黄玉海　宋玉庆
副主编　李国伟
参　编　孙　斌　徐国钰　李　蕾
　　　　宋明学　阎　伟　姜　燕
主　审　薛彦登

机械工业出版社

本书是"职业院校机电一体化专业系列教材"之一，主要内容包括三相异步电动机点动控制电路、三相异步电动机正转控制电路、三相异步电动机正反转控制电路、三相异步电动机带动工作台自动往返控制电路、三相异步电动机星-三角减压起动控制电路、三相异步电动机典型制动控制电路、双速电动机控制电路和电气控制系统设计。

本书可作为职业院校机电一体化专业的教材，也可用作电工技术培训、企业电工培训及再就业转岗电工培训的教材，还可以作为相关工种职业技能培训和鉴定考试的指导教材。

## 图书在版编目（CIP）数据

低压电器控制技术/黄玉海，宋玉庆主编. —北京：机械工业出版社，2020.7（2024.8 重印）

职业院校机电一体化专业系列教材

ISBN 978-7-111-66169-6

Ⅰ.①低⋯ Ⅱ.①黄⋯②宋⋯ Ⅲ.①低压电器-电气控制-职业教育-教材 Ⅳ.①TM52

中国版本图书馆 CIP 数据核字（2020）第 133098 号

机械工业出版社（北京市百万庄大街 22 号　邮政编码 100037）

策划编辑：王振国　责任编辑：王振国

责任校对：刘雅娜　封面设计：严娅萍

责任印制：单爱军

北京虎彩文化传播有限公司印刷

2024 年 8 月第 1 版第 5 次印刷

184mm×260mm・9.25 印张・223 千字

标准书号：ISBN 978-7-111-66169-6

定价：29.80 元

电话服务　　　　　　　　　网络服务

客服电话：010-88361066　　机　工　官　网：www.cmpbook.com

　　　　　010-88379833　　机　工　官　博：weibo.com/cmp1952

　　　　　010-68326294　　金　书　网：www.golden-book.com

封底无防伪标均为盗版　　　机工教育服务网：www.cmpedu.com

# 前　　言

本书紧紧围绕党的二十大提出的"为党育人、为国育才"，办好人民满意的教育，培养更多适应经济和社会发展需要的高素质技术技能人才的新思想、新要求。本书以岗位群需求为导向，以电工国家职业技能标准（2019版）为依据，以培养学生的职业能力和职业素养为重点，以体现工学结合特点的真实项目为载体，设计本书的教学内容和考核体系。通过"线上+线下七步法"与"一体化"的教学模式，突出职业素养培养，用毕业生服务企业反馈为标尺衡量课程目标是否达标。

本书在编写过程中充分考虑高职院校及技工院校学生的特点，着力突出教材的实践性，注重对学生进行分层次培养，从低压电器的认知开始，通过识图、按图安装布线、通电试运行、电气故障排除及电气控制系统设计等技能点循序渐进的学习和强化，符合职业院校学生的学习和认知规律。

本书编写模式新颖、呈现形式多样，立足于学生实际，以学生为主体，注重学生的自主学习、合作学习；全书配有网络课程资源，特别适合在新时期的线上线下同步学习。同时，在编写过程中，将新技术、新知识、新工艺等内容融入其中，具有一定的前瞻性和先进性。

本书在内容上以项目式教学为主，实现了理论知识和实践知识的有机结合，达到"教中做、做中学、学中练"的目标；本书建议教学学时为90学，实训学时不低于45学时。

本书共分为8个项目，由山东劳动职业技术学院黄玉海、宋玉庆任主编并负责统稿，李国伟任副主编；参加编写还有孙斌、李蕾、徐国钰、阎伟、宋明学、姜燕。其中黄玉海编写项目2、项目7，宋玉庆编写项目1、项目6，李国伟、孙斌编写项目4，李蕾、徐国钰编写项目5，宋明学、阎伟编写项目3，济南机床二厂电气工程师姜燕编写项目8。本书由薛彦登主审。本书作为校企合作教材，姜燕工程师对本书的项目编写及实训内容都提出了很多建设性的建议。对本书所有参编和校企合作企业提供的大力支持，在此一并表示深切的感谢。

由于编者水平有限，经验不足，书中难免存在错误和缺点，恳请广大读者批评指正。

编　者

# 目 录

前言

**项目1 三相异步电动机点动控制电路** ·············· 1
    任务1　认识常用低压电器 ·············· 1
        实训1-1　低压熔断器的识别与检测 ·············· 5
        实训1-2　低压开关的识别与检测 ·············· 12
        实训1-3　按钮的识别与检测 ·············· 16
        实训1-4　接触器的识别、拆解与检测 ·············· 20
        实训1-5　热继电器的识别与检测 ·············· 24
    任务2　电气控制电路图识图与绘制 ·············· 25
        实训1-6　三相异步电动机点动控制电路绘制 ·············· 29
    任务3　三相异步电动机点动控制电路分析 ·············· 31
        实训1-7　三相异步电动机点动控制电路安装与调试 ·············· 33

**项目2 三相异步电动机正转控制电路** ·············· 38
    任务1　三相异步电动机连续正转控制电路分析 ·············· 38
        实训2-1　三相异步电动机连续正转控制电路安装与调试 ·············· 42
    任务2　三相异步电动机点动与连续正转控制电路分析 ·············· 46
        实训2-2　连续与点动混合正转控制电路安装与调试 ·············· 50
    任务3　三相异步电动机顺序控制电路分析 ·············· 53
        实训2-3　两台电动机顺序起动逆序停止控制电路安装与调试 ·············· 59

**项目3 三相异步电动机正反转控制电路** ·············· 62
    任务　三相异步电动机正反转控制电路分析 ·············· 62
        实训　三相异步电动机正反转控制电路安装与调试 ·············· 66

**项目4 三相异步电动机带动工作台自动往返控制电路** ·············· 73
    任务1　认识常用低压电器——行程开关、接近开关 ·············· 73
        实训4-1　行程开关的识别与检测 ·············· 78
    任务2　三相异步电动机带动工作台自动往返控制电路分析 ·············· 79
        实训4-2　工作台自动往返控制电路安装与调试 ·············· 83

**项目5 三相异步电动机星-三角减压起动控制电路** ·············· 88
    任务1　认识常用低压电器——时间继电器 ·············· 88
        实训5-1　时间继电器的识别与检测 ·············· 95
    任务2　三相异步电动机星-三角减压起动控制电路分析 ·············· 97
        实训5-2　时间继电器自动控制星-三角减压起动控制电路安装与调试 ·············· 101

**项目6 三相异步电动机典型制动控制电路** ·············· 105
    任务1　认识常用低压电器——速度继电器 ·············· 105

实训 6-1　速度继电器的识别与检测 ····················································· 107
　任务 2　三相异步电动机反接制动控制电路分析 ········································· 108
　　实训 6-2　三相异步电动机反接制动控制电路安装与调试 ····················· 111
　任务 3　三相异步电动机能耗制动控制电路分析 ········································· 115
　　实训 6-3　单向起动能耗制动控制电路安装与调试 ······························· 119

**项目 7　双速电动机控制电路** ··············································································· 123
　任务　双速电动机原理 ·························································································· 123
　　实训　接触器控制双速电动机控制电路安装与调试 ································· 126

**项目 8　电气控制系统设计** ··················································································· 130
　任务 1　掌握电气控制系统设计的原则、内容及步骤 ···································· 130
　任务 2　电气控制系统的施工设计与施工 ····················································· 135

**参考文献** ··················································································································· 140

# 项目 1
# 三相异步电动机点动控制电路

## 任务 1　认识常用低压电器

### ➤ 知识目标

1）了解电气控制的基本应用。
2）理解低压电器的主要分类。
3）掌握低压电器的工作原理。
4）掌握电气控制的图形符号。
5）理解电动机典型控制电路原理。
6）掌握电气控制系统设计方法。
7）掌握电气故障的排查方法。

### ➤ 技能目标

1）能够正确识读电气控制图样。
2）能够操作典型电动机控制系统。
3）能够正确使用常用低压电器。
4）能够分析典型电气电路原理。
5）能够完成基本电气系统设计。

### ➤ 培养目标

1）培养学生的职业素养以及职业道德，培养学生按"7S"（整理、整顿、清扫、清洁、素养、安全和节约）标准工作的良好习惯。
2）培养学生具备善于观察，主动学习，能够分析问题、解决问题的能力，学会获取新知识、新技能的学习能力。
3）学生的团队合作能力、专业技术交流的表达能力。
4）具备"7S"的能力和意识。

### 一、低压电器的分类

根据工作电压的高低，电器可分为高压电器和低压电器两种类型。工作在交流额定电压1200V及以下、直流额定电压1500V及以下的电器称为低压电器。低压电器作为一种基本器件，广泛应用于输配电系统和电力拖动系统中，在实际生产中起着非常重要的作用。

**1. 低压电器的分类**

图 1-1 所示为几种常见的低压电器。低压电器的种类繁多，分类方法也很多，常见的分类方法见表 1-1。

表 1-1 低压电器常见的分类方法

| 分类方法 | 类 别 | 说明及用途 |
| --- | --- | --- |
| 按低压电器的用途 | 控制电器 | 用于各种控制电路和控制系统的电器，如接触器等 |
| | 主令电器 | 发送控制指令的电器，如按钮、行程开关等 |
| | 保护电器 | 用于保护电路及用电设备的电器，如熔断器、热继电器等 |
| | 配电电器 | 用于电能的输送和分配的电器，如刀开关、断路器等 |
| | 执行电器 | 用于完成某种动作或传递功能的电器，如电磁铁等 |
| 按低压电器的动作（操作）方式 | 自动切换电器 | 依靠电器本身参数的变化或外来信号的作用，自动完成接通或分断等动作的电器，如接触器、继电器等 |
| | 非自动切换电器 | 主要依靠外力（如手控）直接操作来进行切换的电器，如按钮、低压开关等 |
| 按低压电器的执行机构 | 有触点电器 | 具有可分离的动触点和静触点，主要利用触点的接触和分离来实现电路的通断控制，如接触器、继电器等 |
| | 无触点电器 | 没有可分离的触点，主要利用半导体器件的开关效应来实现电路的通断控制，如接近开关、固态继电器等 |

图 1-1 几种常见的低压电器

**2. 低压电器的常用术语**

低压电器的常用术语见表 1-2。

表 1-2 低压电器的常用术语

| 常用术语 | 常用术语的含义 |
| --- | --- |
| 燃弧时间 | 电器分断过程中，从触点断开（或熔体熔断）出现电弧的瞬间开始，至电弧完全熄灭为止的时间间隔 |
| 分断能力 | 开关电器在规定的条件下，能在给定的电压下分断的预期分断电流值 |
| 接通能力 | 开关电器在规定的条件下，能在给定的电压下接通的预期接通电流值 |
| 通断能力 | 开关电器在规定的条件下，能在给定的电压下接通和分断的预期电流值 |
| 短路接通能力 | 在规定的条件下，包括开关电器的出线端短路在内的接通能力 |
| 短路分断能力 | 在规定的条件下，包括开关电器的出线端短路在内的分断能力 |

（续）

| 常 用 术 语 | 常用术语的含义 |
|---|---|
| 操作频率 | 开关电器在每小时内可能实现的最高循环操作次数 |
| 通电持续率 | 开关电器的有载时间和工作周期之比，常以百分数表示 |
| 电寿命 | 在规定的正常工作条件下，机械开关电器不需要修理或更换的负载操作循环次数 |
| 通断时间 | 从电流开始在开关电器的一个极流过的瞬间起，到所有极的电弧最终熄灭的瞬间为止的时间间隔 |

## 二、低压熔断器

低压熔断器的作用是在线路中作短路保护，简称熔断器。短路是由于电气设备或导线的绝缘损坏而导致的一种电气故障。图 1-2 所示为 RL6 系列螺旋式低压熔断器，图 1-3 所示为熔断器在电路图中的图形符号。

图 1-2　RL6 系列螺旋式低压熔断器　　　　图 1-3　熔断器的图形符号

熔断器使用时应串联在被保护的电路中。正常情况下，熔断器的熔体相当于一段导线；当电路发生短路故障时，熔体能迅速熔断分断电路，从而起到保护线路和电气设备的作用。熔断器的结构简单，价格便宜，动作可靠，使用维护方便，因而得到了广泛应用。

**1. 熔断器的结构与主要技术参数**

（1）熔断器的结构　熔断器主要由熔体、安装熔体的熔管和熔座三部分组成，如图 1-2 所示。熔体是熔断器的核心，常做成丝状、片状或栅状，制作熔体的材料一般有铅锡合金、锌、铜和银等，根据受保护电路的要求而定。熔管是熔体的保护外壳，用耐热绝缘材料制成，在熔体熔断时兼有灭弧作用。熔座是熔断器的底座，用于固定熔管和外接引线。

（2）熔断器的主要技术参数　熔断器的主要技术参数见表 1-3。

表 1-3　熔断器的主要技术参数

| 技 术 参 数 | 技术参数的含义 |
|---|---|
| 额定电压 | 指熔断器长期工作所能承受的电压。如果熔断器的实际工作电压大于其额定电压，熔体熔断时可能会发生电弧不能熄灭的危险 |
| 额定电流 | 指保证熔断器能长期正常工作的电流。它的大小由熔断器各部分长期工作时允许的温升决定 |

(续)

| 技术参数 | 技术参数的含义 |
|---|---|
| 分断能力 | 在规定的使用和性能条件下,在规定电压下熔断器能分断的预期分断电流值,常用极限分断电流值来表示 |
| 时间—电流特性 | 也称为安—秒特性或保护特性,是指在规定的条件下,表征流过熔体的电流与熔体熔断时间的关系曲线,熔断器的熔断时间随电流的增大而缩短,是反时限特性 |

**2. 常用低压熔断器**

熔断器的型号及含义如图1-4所示。

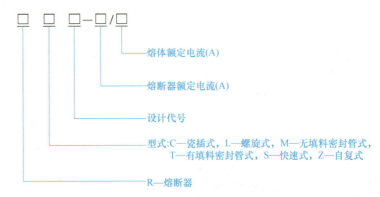

图1-4 熔断器的型号及含义

如型号 RC1A—15/10 中,R 表示熔断器,C 表示瓷插式,设计代号为 1A,熔断器额定电流是 15A,熔体额定电流是 10A。

常见熔断器的形式有螺旋式、封闭管式和自复式等。

**3. 熔断器的选用**

熔断器有不同的类型和规格。对熔断器的要求是:在电气设备正常运行时,熔断器应不熔断;在出现短路故障时,应立即熔断;在电流发生正常变动(如电动机起动过程)时,熔断器应不熔断;在用电设备持续过载时,应延时熔断。

选择熔断器时,主要是对熔断器的类型、额定电压、额定电流和熔体额定电流进行考虑。

(1)熔断器类型的选用 根据使用环境、负载性质和短路电流的大小选用适当类型的熔断器。例如,对于容量较小的照明电路,可选用 RT 系列圆筒帽形熔断器或 RC1A 系列瓷插式熔断器;对于短路电流相当大的电路或有易燃气体的环境,应选用 RT0 系列有填料封闭管式熔断器;在机床控制电路中,多选用 RL 系列螺旋式熔断器;用于半导体功率器件及晶闸管的保护时,应选用 RS 或 RLS 系列快速熔断器。

(2)熔断器额定电压和额定电流的选用 熔断器的额定电压必须大于或等于线路的额定电压;熔断器的额定电流必须大于或等于所装熔体的额定电流;熔断器的分断能力应大于电路中可能出现的最大短路电流。

(3)熔体额定电流的选用

1)对照明和电热等电流较平稳、无冲击电流的负载的短路保护,熔体的额定电流应等于或稍大于负载的额定电流。

2）对一台不经常起动且起动时间不长的电动机的短路保护，熔体的额定电流 $I_{RN}$ 应大于或等于 1.5～2.5 倍电动机额定电流 $I_N$，即

$$I_{RN} \geq (1.5 \sim 2.5) I_N$$

3）对多台电动机的短路保护，熔体的额定电流应大于或等于其中最大功率电动机的额定电流 $I_{Nmax}$ 的 1.5～2.5 倍，再加上其余电动机额定电流的总和 $\sum I_N$，即

$$I_{RN} \geq (1.5 \sim 2.5) I_{Nmax} + \sum I_N$$

#### 4. 熔断器的安装与使用

1）用于安装使用的熔断器应完整无损，并标有额定电压、额定电流值。

2）熔断器安装时应保证熔体与夹头、夹头与夹座接触良好。瓷插式熔断器应垂直安装。螺旋式熔断器接线时，电源线应接在下接线座上，负载线应接在上接线座上，以保证能安全地更换熔管。

3）熔断器内要安装合格的熔体，不能用多根小规格的熔体并联代替一根大规格的熔体。在多级保护的场合，各级熔体应相互配合，上级熔断器的额定电流等级以大于下级熔断器的额定电流等级两级为宜。

4）更换熔体或熔管时，必须切断电源，尤其不允许带负荷操作，以免发生电弧灼伤。管式熔断器的熔体应用专用的绝缘插拔器进行更换。

5）对 RM10 系列熔断器，在切断过三次相当于分断能力的电流后，必须更换熔管，以保证能可靠地切断所规定分断能力的电流。

6）熔体熔断后，应分析原因排除故障后，再更换新的熔体。在更换新的熔体时，不能轻易改变熔体的规格，更不能使用铜丝或铁丝代替熔体。

7）熔断器兼作隔离器件使用时，应安装在控制开关的电源进线端；若仅作短路保护用，应装在控制开关的出线端。

### 实训 1-1　低压熔断器的识别与检测

#### 1. 工具、仪表及器材

（1）工具　常用电工工具一套。

（2）仪表　MF47 型指针式万用表或数字式万用表一只。

（3）器材　在 RL1、RT0、RT18、RS0 系列中，各选取不少于两种规格的熔断器，如图 1-5 所示。

图 1-5　各类型熔断器

## 2. 实训过程

（1）熔断器的识别训练

1）在教师指导下，仔细观察各种不同类型、规格的熔断器外形和结构特点。

2）由指导教师从所给熔断器中任选五只，用胶布盖住其型号并编号，由学生根据实物写出其名称、型号规格及主要结构，填入表1-4中。

表1-4 熔断器识别

| 序 号 | 1 | 2 | 3 | 4 | 5 |
|---|---|---|---|---|---|
| 名 称 | | | | | |
| 型号规格 | | | | | |
| 主要结构 | | | | | |

（2）熔体更换 RL1系列和RT18系列熔断器熔体的更换。

1）检查所给熔断器的熔体是否完好。

2）若熔体已熔断，应按原规格选配熔体。

3）更换熔体，对于RL1系列熔断器，熔管不能倒装。

4）用万用表检查更换熔体后的熔断器各部分接触是否良好。

## 3. 职业素养

1）"7S"是整理、整顿、清扫、清洁、素养、安全和节约，"7S"职业素养进课堂、进实训场地。

2）实训课前，准备好电工工具、学习资料，穿工装、绝缘鞋列队进入实训场地。

3）实训期间，按照岗位操作标准和安全操作规范进行实训操作练习，节约实训耗材。

4）实训结束，收好工具、仪器仪表，整理实训台，清理现场，做好维修记录。

## 4. 评分标准

评分标准见表1-5。

表1-5 评分标准

| 项 目 | 配分 | 评分标准 | | 扣分 |
|---|---|---|---|---|
| 熔断器识别 | 50分 | （1）写错或漏写名称 | 每只扣5分 | |
| | | （2）写错或漏写型号 | 每只扣5分 | |
| | | （3）漏写主要部件 | 每只扣5分 | |
| 更换熔体 | 50分 | （1）检查方法不正确 | 扣10分 | |
| | | （2）不能正确选配熔体 | 扣10分 | |
| | | （3）更换熔体方法不正确 | 扣10分 | |
| | | （4）损伤熔体 | 扣20分 | |
| | | （5）更换熔体后熔断器短路 | 扣25分 | |
| 安全文明生产 | | 违反安全文明生产规程 | 扣5~40分 | |
| 定额时间 | | 45min，每超5min（不足5min，按5min计） | 扣5分 | |
| 备注 | | 除定额时间外，各项扣分不超配分 | 成绩 | |
| 开始时间 | | 结束时间 | 实际时间 | |

## 三、低压开关

在低压电器控制线路中,低压开关多数用作机床电路的电源开关和局部照明电路的控制开关,有时也可用来直接控制小功率电动机的起动、停止和正反转。低压开关一般为非自动切换电器,主要用于隔离、转换、接通和分断电路。图 1-6 所示的断路器也是低压开关的一种。下面介绍几种常用的低压开关——低压断路器、负荷开关和组合开关。

图 1-6  各类型的断路器

### 1. 低压断路器

(1) 低压断路器的功能  低压断路器集控制和多种保护功能于一体,在线路工作正常时,低压断路器作为电源开关接通和分断电路;当电路中发生短路、过载和失电压等故障时,低压断路器能自动跳闸切断故障电路,从而保护线路和电气设备。常见的低压断路器如图 1-7 所示。

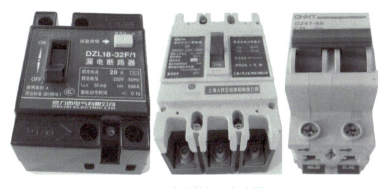

图 1-7  常见的低压断路器

低压断路器的种类很多,根据结构形式可以分为框架式和塑料外壳式,根据操作机构的不同可以分为手动操作、电动操作和液压操作,根据触点数目可以分为单极、双极和三极,根据动作速度可以分为延时动作、普通动作和快速动作等。

(2) 低压断路器的工作原理  低压断路器种类很多,但不论哪一类哪一种低压断路器,都是由触点系统、灭弧装置、保护装置和传动机构等部分组成的。低压断路器的结构原理如图 1-8 所示。低压断路器靠操作机构手动或者电动合闸触点闭合后,再由自由脱扣装置将触点锁合在合闸位置上。当电路发生故障时,低压断路器通过各自的脱扣器使自由脱扣机构自动跳闸,实现保护作用。低压断路器的图形符号如图 1-9 所示。

(3) 低压断路器的型号及含义  根据应用场合不同和功能不同,低压断路器有多个系列。例如 DZ47 系列小型低压断路器主要适用于交流 50Hz/60Hz,额定工作电压为240V/415V 及以下,额定电流至 60A 的电路中。该低压断路器主要用于现代建筑物的电气线路及设备的过载、短路保护,也适用于线路的不频繁操作及隔离。DZ47 系列低压断路器的型号及含义如图 1-10 所示。

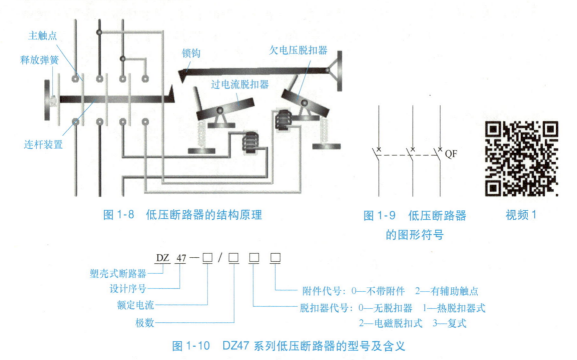

图 1-8 低压断路器的结构原理　　图 1-9 低压断路器的图形符号　　视频 1

图 1-10 DZ47 系列低压断路器的型号及含义

(4) 低压断路器的选用　低压断路器的选用原则:

1) 低压断路器的额定电压和额定电流应不小于线路、设备的正常工作电压和工作电流。

2) 热脱扣器的整定电流应等于所控制负载的额定电流。

3) 电磁脱扣器的瞬时脱扣整定电流应大于负载电路正常工作时的峰值电流。用于控制电动机的断路器,其瞬时脱扣整定电流可按下式选取

$$I_z \geq KI_{st}$$

式中　$K$——安全系数,可取 1.5 ~ 1.7;

　　　$I_{st}$——电动机的起动电流(A)。

4) 欠电压脱扣器的额定电压应等于线路的额定电压。

5) 低压断路器的极限通断能力应不小于电路的最大短路电流。

(5) 低压断路器的安装与使用

1) 低压断路器应垂直安装,电源线接在上端,负载线接在下端。

2) 低压断路器用作电源总开关或电动机的控制开关时,在电源进线侧必须加装刀开关或熔断器等,以形成明显的断开点。

3) 低压断路器使用前应将脱扣器工作面上的防锈油脂擦净,以免影响其正常工作。同时应定期检修,清除断路器上的积尘,给操作机构添加润滑剂。

4) 各脱扣器的动作值调整好后,不允许随意变动,并应定期检查各脱扣器的动作值是否满足要求。

5) 低压断路器的触点使用一定次数或分断短路电流后,应及时检查触点系统,如果触

点表面有毛刺、颗粒等，应及时维修或更换。

### 2. 负荷开关

（1）开启式负荷开关

1）功能：图1-11所示为生产中常用的HK系列开启式负荷开关，俗称刀开关。开启式负荷开关结构简单，价格便宜，手动操作，适用于交流频率50Hz、额定电压单相220V或三相380V、额定电流10~100A的照明、电热设备及小功率电动机等不需要频繁接通和分断电路的控制线路，并起短路保护作用。图1-12所示为开启式负荷开关的图形符号。

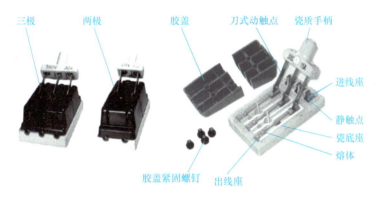

图1-11 开启式负荷开关的外观及内部结构

2）内部结构与图形符号：开启式负荷开关的内部结构与图形符号如图1-11和图1-12所示。开关的底座上装有进出线座、静触点、熔体和带瓷质手柄的刀式动触点，上面有胶盖，以防止人员操作时触及带电体或开关分断时产生的电弧飞出伤人。

开启式负荷开关的型号及含义如图1-13所示。

图1-12 开启式负荷开关的图形符号　　图1-13 开启式负荷开关的型号及含义

3）选用：HK系列开启式负荷开关用于一般的照明电路和功率小于55kW的电动机控制线路中。这种开关没有专门的灭弧装置，其刀式动触点和静夹座易被电弧灼伤引起接触不良，因此不宜用于操作频繁的电路。具体选用方法如下：

① 用于照明电路和电热负载时，选用额定电压为220V或250V，额定电流不小于电路所有负载额定电流之和的两极开关。

② 用于控制电动机的直接起动和停止时，选用额定电压为380V或500V，额定电流不小于电动机额定电流3倍的三极开关。

4）安装与使用：

① 开启式负荷开关必须垂直安装在控制屏或开关板上，且合闸状态时手柄应朝上，不允许倒装或平装，以防发生误合闸事故。

② 开启式负荷开关用于控制照明电路和电热负载时,要装接熔断器用作短路保护和过载保护。接线时应把电源进线接在静触点一边的进线座上,负载接在动触点一边的出线座上。

③ 开启式负荷开关用作电动机的控制开关时,应将开关的熔体部分用铜导线直接连接,并在出线端另外加装熔断器作短路保护。

④ 在分闸和合闸操作时,应动作迅速,使电弧尽快熄灭。更换熔体时,必须在触刀断开的情况下按原规格更换。

(2) 封闭式负荷开关

1) 功能:图 1-14 所示为封闭式负荷开关。封闭式负荷开关是在开启式负荷开关的基础上改进设计而成的,因其外壳多为铸铁或用薄钢板冲压而成,俗称铁壳开关,适用于交流频率 50Hz、额定工作电压 380V、额定工作电流至 400A 的电路中,用于手动不频繁地接通和分断带负载的电路及线路末端的短路保护,或控制 15kW 以下小功率交流电动机的直接起动和停止。

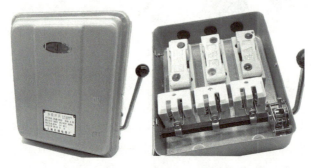

图 1-14 封闭式负荷开关

2) 结构特点与型号含义:常用的 HH 系列封闭式负荷开关在结构上设计成侧面旋转操作式,主要由操作机构、熔断器、触点系统和铁壳组成。操作机构具有快速分断装置,开关的闭合和分断速度与操作者手动速度无关,从而保证了操作人员和设备的安全;触点系统全部封装在铁壳内,并带有灭弧室以保证操作者的安全;罩盖与操作机构设置了联锁装置,保证开关在合闸状态下罩盖不能开启,罩盖开启时不能合闸。另外,罩盖也可以加锁,确保操作安全。

封闭式负荷开关在电路图中的图形符号与开启式负荷开关相同。封闭式负荷开关的型号及含义如图 1-15 所示。

图 1-15 封闭式负荷开关的型号及含义

3) 选用:封闭式负荷开关的额定电压应不小于工作电路的额定电压;额定电流应等于或稍大于电路的工作电流。用于控制电动机工作时,考虑到电动机的起动电流较大,应使开关的额定电流不小于电动机额定电流的 3 倍。

4) 安装与使用:安装和使用封闭式负荷开关时,应注意以下事项:

① 封闭式负荷开关必须垂直安装在无强烈振动和冲击的场合,安装高度一般离地不低于 1.3m,外壳必须可靠接地。

② 接线时,应将电源进线接在静夹座一边的接线端子上,负载引线接在熔断器一边的接线端子上,且进出线都必须穿过开关的进出线孔。

③ 在进行分合闸操作时，要站在开关的手柄侧，不准面对开关，以免因意外故障电流使开关爆炸，铁壳飞出伤人。

### 3. 组合开关

图 1-16 所示为 HZ 系列组合开关，又称为转换开关，其特点是体积小，触点对数多，接线方式灵活，操作方便，适用于交流频率为 50Hz、电压在 380V 以下，或直流 220V 及以下的电气线路中，用于手动不频繁地接通和分断电路、换接电源和负载或控制 5kW 及以下小功率电动机不频繁地起动、停止和正反转。

（1）组合开关的结构与型号含义　组合开关的种类很多，常用的有 HZ5、HZ10 和 HZ15 等系列。组合开关的外形如图 1-16 所示，开关的静触点装在绝缘垫板上，并附有接线柱用于与电源及负载相接，动触点装在能随转轴转动的绝缘垫板上，手柄和转轴能沿顺时针或逆时针方向转动 90°，带动三个动触点分别与静触点接触或分离，实现接通和分断电路的目的。由于采用了扭簧储能结构，组合开关能快速闭合及分断开关，使开关的闭合和分断速度与手动操作无关。其图形符号如图 1-17 所示。

HZ10 系列组合开关的型号及含义如图 1-18 所示。

图 1-16　HZ 系列组合开关的外形

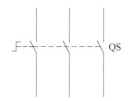

图 1-17　组合开关的图形符号

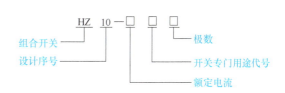

图 1-18　HZ10 系列组合开关的型号及含义

（2）组合开关的主要技术数据及选用　组合开关可分为单极、双极和多极三类，主要参数有额定电压、额定电流、极数等，额定电流有 10A、20A、40A、60A 等几个等级。HZ10 系列组合开关的主要技术数据见表 1-6。

表 1-6　HZ10 系列组合开关的主要技术数据

| 型　　号 | 额定电压/V | 额定电流/A | | 380V 时可控制电动机的功率/kW |
|---|---|---|---|---|
| | | 单极 | 三极 | |
| HZ10—10 | 直流 220V 或交流 380V | 6 | 10 | 1 |
| HZ10—25 | | — | 25 | 33 |
| HZ10—60 | | — | 60 | 55 |
| HZ10—100 | | | 100 | |

组合开关应根据电源种类、电压等级、所需触点数、接线方式和负载容量进行选用。用于控制小型异步电动机的运转时，开关的额定电流一般取电动机额定电流的 1.5~2.5 倍。

（3）组合开关的安装与使用

1）HZ10 系列组合开关应安装在控制箱（或壳体）内，其操作手柄最好伸出在控制箱的前面或侧面。开关为断开状态时应使手柄在水平旋转位置，倒顺开关外壳上的接地螺钉应可靠接地。

2）若需在箱内操作，开关应装在箱内右上方，并且在它的上方不安装其他电器，否则应采取隔离或绝缘措施。

3）组合开关的通断能力较低，不能用来分断故障电流。

4）当操作频率过高或负载功率因数较低时，应降低开关的容量使用，以延长其使用寿命。

## 实训 1-2　低压开关的识别与检测

### 1. 工具、仪表及器材

（1）工具　常用电工工具一套。

（2）仪表　ZC25—3 型绝缘电阻表（500V、0~500MΩ）、MF47 型指针式万用表或数字式万用表一只。

（3）器材　开启式负荷开关、封闭式负荷开关、组合开关和低压断路器各一只。各种型号的低压开关如图 1-19 所示。

图 1-19　各种型号的低压开关

### 2. 实训过程

（1）识别低压开关

1）在教师指导下，仔细观察各种不同类型、规格的低压开关，熟悉低压开关的外形、型号、主要技术参数的意义、功能、结构及工作原理等。

2）将所给低压开关的铭牌数据用胶布盖住并编号，由学生根据实物写出各电器的名称、型号规格及文字符号，画出图形符号。

（2）检测低压开关　将低压开关的手柄扳到合闸位置，用万用表的电阻挡测量各对触点之间的接触情况，再用绝缘电阻表测量每两相触点之间的绝缘电阻。

### 3. 职业素养

1）"7S"是整理、整顿、清扫、清洁、素养、安全和节约，"7S"职业素养进课堂、进实训场地。

2）实训前，准备好电工工具、学习资料，穿工装和绝缘鞋列队进入实训场地。

3）实训期间，按照岗位操作标准和安全操作规范进行实训操作练习，节约实训耗材。

4)实训结束,收好工具、仪器仪表,整理实训台,清理现场,做好维修记录。

### 4. 评分标准

评分标准见表1-7。

表1-7 评分标准

| 项 目 | 配分 | 评 分 标 准 | | 扣分 |
|---|---|---|---|---|
| 识别低压开关 | 40分 | (1) 写错或漏写名称 | 每只扣5分 | |
| | | (2) 写错或漏写型号 | 每只扣5分 | |
| | | (3) 写错符号 | 每只扣5分 | |
| 检测低压开关 | 40分 | (1) 仪表使用方法错误 | 扣10分 | |
| | | (2) 检测方法或结果有误 | 扣10分 | |
| | | (3) 损坏仪表电器 | 扣20分 | |
| | | (4) 不会检测 | 扣40分 | |
| 低压断路器结构 | 20分 | (1) 主要部件的作用写错 | 每项扣5分 | |
| | | (2) 参数漏写或写错 | 每项扣5分 | |
| 安全文明生产 | | 违反安全文明生产规程 | 扣5~40分 | |
| 定额时间 | | 60min,每超时5min(不足5min以5min计) | 扣5分 | |
| 备注 | | 除定额时间外,各项目的最高扣分不应超过配分数 | 成绩 | |
| 开始时间 | | 结束时间 | 实际时间 | |

## 四、按钮

(1) 按钮的功能 按钮是一种用人体某一部分(一般为手指或手掌)施力进行操作,并具有弹簧储能复位功能的控制开关,是一种最常用的主令电器。按钮的触点允许通过的电流较小,一般不超过5A。因此,一般情况下,它不直接控制主电路(大电流电路)的通断,而是在控制电路(小电流电路)中发出指令或信号,控制接触器、继电器等电器,再由它们去控制主电路的通断、功能转换或电气联锁。图1-20所示为几款按钮的外形。

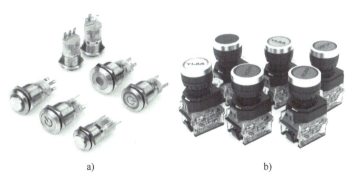

视频2

图1-20 几款按钮的外形

a) 金属按钮 b) 塑料按钮

（2）按钮的结构原理与图形符号　按钮一般由按钮帽、复位弹簧、桥式动触点、静触点、支柱连杆及外壳等部分组成，如图 1-21 所示。

按钮按不受外力作用（即静态）时触点的分合状态，分为起动按钮（即常开按钮）、停止按钮（即常闭按钮）和复合按钮（即常开、常闭触点组合为一体的按钮），各种按钮的结构与图形符号如图 1-21 所示。不同类型和用途的按钮图形符号如图 1-22 所示。

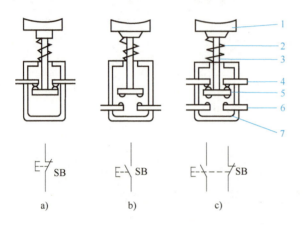

图 1-21　按钮的结构与图形符号
a）停止按钮（常闭按钮）　b）起动按钮（常开按钮）　c）复合按钮
1—按钮帽　2—复位弹簧　3—支柱连杆　4—常闭静触点
5—桥式动触点　6—常开静触点　7—外壳

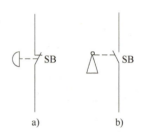

图 1-22　不同类型和用途的按钮图形符号
a）急停按钮　b）钥匙操作式按钮

为了便于识别各种按钮，避免误操作，通常用不同的颜色和符号标志来区分按钮的功能。按钮颜色的含义见表 1-8，指示灯颜色及其相对于工业机械状态的含义见表 1-9。当难以选定适当的颜色时，应使用白色。急停操作件的红色不应依赖于其灯光的照度。

表 1-8　按钮颜色的含义

| 颜色 | 含 义 | 说 明 | 应 用 举 例 |
| --- | --- | --- | --- |
| 红 | 紧急 | 危险或紧急情况时操作 | 急停 |
| 黄 | 异常 | 异常情况时操作 | 干预、制止异常情况，干预、重新起动中断了的运行 |
| 绿 | 安全 | 安全情况或为正常情况准备时操作 | 起动/接通 |
| 蓝 | 强制性的 | 要求强制动作情况下的操作 | 复位功能 |
| 白 | 未赋予特定含义 | | 起动/接通（优先）<br>停止/断开 |
| 黑 | | 除急停以外的一般功能的起动 | 起动/接通<br>停止/断开 |
| 灰 | | | 起动/接通<br>停止/断开 |

项目1　三相异步电动机点动控制电路

表1-9　指示灯颜色及其相对于工业机械状态的含义

| 颜色 | 含义 | 说　明 | 操作者的动作 | 应　用　示　例 |
|---|---|---|---|---|
| 红 | 紧急 | 危险情况 | 立即动作处理危险情况（如操作急停） | 压力、温度超过安全极限电压，降落击穿，行程超越停止位置 |
| 黄 | 异常 | 异常情况<br>紧急临界情况 | 监视和（或）干预 | 压力、温度超过正常限值，保护器件脱扣 |
| 绿 | 正常 | 正常情况 | 任选 | 压力、温度在正常范围内 |
| 蓝 | 强制性 | 指示操作者需要动作 | 强制性动作 | 指示输入预选值 |
| 白 | 无确定性质 | 其他情况，可用于红、黄、绿和蓝色的应用有疑问时 | 监视 | 一般信息 |

（3）按钮的型号及含义　按钮的型号及含义如图1-23所示。

图1-23　按钮的型号及含义

其中结构形式代号的含义如下：

K—开启式，嵌装在操作面板上。

H—保护式，带保护外壳，可防止内部零件受机械损伤或人偶然触及带电部分。

S—防水式，具有密封外壳，可防止雨水侵入。

F—防腐式，能防止腐蚀性气体进入。

J—紧急式，带有红色大蘑菇钮头（突出在外），用于紧急切断电源。

X—旋钮式，用旋钮旋转进行操作，有通和断两个位置。

Y—钥匙操作式，用钥匙插入进行操作，可防止误操作或供专人操作。

D—光标按钮，按钮内装有信号灯，兼作信号指示。

（4）按钮的选用

1）根据使用场合和具体用途选择按钮的种类。例如，嵌装在操作面板上的按钮可选用开启式；需要显示工作状态时应选用光标式；需要防止无关人员误操作的重要场合宜选用钥匙操作式；在有腐蚀性气体处要选用防腐式。

2）根据工作状态指示和工作情况要求，选择按钮或指示灯的颜色。例如，起动按钮可选用白、灰或黑色，优先选用白色，也可选用绿色。急停按钮应选用红色。停止按钮可选黑、灰或白色，优先用黑色，也可选用红色。

3）根据控制回路的需要选择按钮的数量，如单联钮、双联钮和三联钮等。

（5）按钮的安装与使用

1）按钮安装在面板上时，应布置整齐，排列合理，如根据电动机起动的先后顺序，从上到下或从左到右排列。

2）同一机床运动部件有几种不同的工作状态时（如上、下、前、后、松、紧等），应使每一对相反状态的按钮安装在一组。

3）按钮的安装应牢固，安装按钮的金属板或金属按钮盒必须可靠接地。

4）按钮的触点间距较小，如有油污等极易发生短路故障，应注意保持触点间的清洁。

5）光标按钮一般不宜用于需长期通电显示的地方，以免塑料外壳过度受热而变形，使更换灯泡困难。

## 实训 1-3  按钮的识别与检测

### 1. 工具、仪表及器材

（1）工具　常用电工工具一套。

（2）仪表　ZC25—3 型绝缘电阻表（500V、0～500MΩ）、MF47 型指针式万用表或数字式万用表一只。

（3）器材　各类按钮 10 只，如图 1-24 所示。

图 1-24  各类按钮

### 2. 实训过程

（1）识别按钮

1）在教师指导下，仔细观察各种不同种类、不同结构形式的按钮，熟悉按钮的外形、型号及主要技术参数的意义、功能、结构及工作原理等。

2）由指导教师从所给按钮中任选三种，用胶布盖住型号并编号，由学生根据实物写出各按钮的名称、型号及文字符号，画出图形符号。

（2）检测按钮　拆开外壳观察其内部结构，理解常开触点、常闭触点和复合触点的动作情况，用万用表的电阻挡测量各对触点之间的接触情况，分辨常开触点和常闭触点。

### 3. 职业素养

1）"7S" 是整理、整顿、清扫、清洁、素养、安全和节约，"7S" 职业素养进课堂，进实训场地。

2）实训课前，准备好电工工具、学习资料，穿工装、绝缘鞋列队进入实训场地。

3）实训期间，按照岗位操作标准和安全操作规范进行实训操作练习，节约实训耗材。

4）实训结束，收好工具、仪器仪表，整理实训台，清理现场，做好维修记录。

### 4. 评分标准

评分标准见表 1-10。

## 项目1 三相异步电动机点动控制电路

表1-10 评分标准

| 项　　目 | 配分 | 评　分　标　准 | | 扣分 |
|---|---|---|---|---|
| 识别按钮 | 40分 | （1）写错或漏写名称 | 每只扣5分 | |
| | | （2）写错或漏写型号 | 每只扣5分 | |
| | | （3）写错符号 | 每只扣5分 | |
| 检测按钮 | 60分 | （1）仪表使用方法错误 | 扣10分 | |
| | | （2）检测方法或结果有误 | 扣10分 | |
| | | （3）损坏仪表电器 | 扣20分 | |
| | | （4）不会检测 | 扣10分 | |
| | | （5）参数漏写或写错 | 扣10分 | |
| 安全文明生产 | | 违反安全文明生产规程 | 扣5~40分 | |
| 定额时间 | | 60min，每超时5min（不足5min以5min计） | 扣5分 | |
| 备注 | | 除定额时间外，各项目的最高扣分不应超过配分数 | 成绩 | |
| 开始时间 | | 结束时间 | 实际时间 | |

### 五、接触器

低压开关、主令电器等电器，都是依靠手控直接操作来实现触点接通或断开电路，属于非自动切换电器。在电力拖动中，广泛应用一种自动切换电器来实现电路的自动控制。图1-25所示为几款常用的交流接触器的外形。

图1-25 不同品牌的交流接触器的外形

接触器实际上是一种自动电磁式开关。其触点的通断不是由手来控制，而是电动操作。电动机通过接触器主触点接入电源，接触器线圈与起动按钮串接后接入电源。按下起动按钮，线圈得电使静铁心被磁化产生电磁吸力，吸引动铁心带动主触点闭合接通电路；松开起动按钮，线圈失电，电磁吸力消失，动铁心在反作用弹簧的作用下释放，带动主触点复位切断电路。

接触器的优点是能实现远距离自动操作，具有欠电压和失电压自动释放保护功能，控制容量大，工作可靠，操作频率高，使用寿命长，适用于远距离频繁地接通和断开交、直流主电路及大容量的控制电路，其主要控制对象是电动机，也可以用于控制电热设备、电焊机以及电容器组等其他负载，在电力拖动和自动控制系统中得到了广泛应用。接触器按主触点通过电流的种类不同，可分为交流接触器和直流接触器两类。

## 1. 交流接触器

交流接触器的种类很多，空气电磁式交流接触器应用最为广泛，其产品系列、品种最多，结构和工作原理基本相同。常用的有国产 CJ10、CJ20 和 CJ40 等系列，引进国外技术生产的有 CJX1 系列、CJX8 系列和 CJX2 系列等。下面以 CJX2 系列为例来介绍交流接触器。

（1）交流接触器的型号及含义　交流接触器的型号及含义如图 1-26 所示。

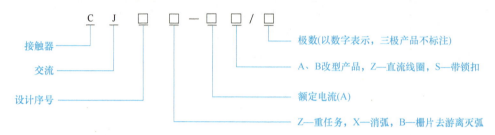

图 1-26　交流接触器的型号及含义

（2）交流接触器的结构和符号　交流接触器主要由电磁系统、触点系统、灭弧装置和辅助部件等组成。

电磁系统主要由线圈、静铁心和动铁心（衔铁）三部分组成。静铁心在下，动铁心在上，线圈安装在静铁心上。铁心是交流接触器发热的主要部件，静、动铁心一般用 E 形硅钢片叠压而成，以减少铁心的磁滞和涡流损耗，避免铁心过热。另外，在 E 形铁心的中柱端面留有 0.1~0.2mm 的气隙，以减小剩磁影响，避免线圈断电后衔铁粘住不能释放。铁心的两个端面上嵌有短路环，用以消除电磁系统的振动和噪声。线圈做成粗而短的圆筒形，且在线圈和铁心之间留有空隙，以增强铁心的散热效果。

交流接触器利用电磁系统中线圈的通电或断电，使静铁心吸合或释放衔铁，从而带动动触点与静触点闭合或分断，实现电路的接通或断开。

交流接触器的触点按通断能力可分为主触点和辅助触点，主触点用以通断电流较大的主电路，一般由三对常开触点组成。辅助触点用以通断电流较小的控制电路，一般由两对常开触点和两对常闭触点组成。所谓触点的常开和常闭，是指电磁系统未通电动作前触点的状态。常开触点和常闭触点是联动的。当线圈通电时，常闭触点先断开，常开触点随后闭合，中间有一个很短的时间差。当线圈断电后，常开触点先恢复断开，随后常闭触点恢复闭合，中间也存在一个很短的时间差。这个时间差虽短，但对分析线路的控制原理却很重要。

交流接触器在断开大电流或高电压电路时，会在动、静触点之间产生很强的电弧。电弧是触点间气体在强电场作用下产生的放电现象，它一方面会灼伤触点，降低触点的使用寿命；另一方面会使电路切断时间延长，甚至造成弧光短路或引起火灾事故。因此，触点间的电弧应尽快熄灭。灭弧装置的作用是熄灭触点分断时产生的电弧，以减轻对触点的灼伤，保证可靠地分断电路。交流接触器常采用的灭弧装置有双断口结构的电动力灭弧装置、纵缝灭弧装置和栅片灭弧装置。

交流接触器的辅助部件有反作用弹簧、缓冲弹簧、触点压力弹簧、传动机构及底座、接线柱等，反作用弹簧安装在衔铁和线圈之间，其作用是线圈断电后，推动衔铁释放，带动触点复位；缓冲弹簧安装在静铁心和线圈之间，其作用是缓冲衔铁在吸合时对静铁心和外壳的冲击力，保护外壳；触点压力弹簧安装在动触点上面，其作用是增加动、静触点间的压力，从而增大接触面积，以减少接触电阻，防止触点过热损伤；传动机构的作用是在衔铁或反作用弹簧的作用下，带动动触点实现与静触点的接通或分断。交流接触器的结构组成如图 1-27 所示。接触器的图形符号如图 1-28 所示。

图 1-27 CJX2 交流接触器的结构组成

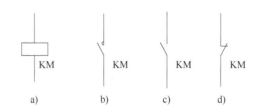

图 1-28 接触器的图形符号

a）线圈　b）主触点　c）辅助常开触点
d）辅助常闭触点

（3）交流接触器的工作原理　当接触器的线圈通电后，线圈中的电流产生磁场，使静铁心磁化产生足够大的电磁吸力，克服反作用弹簧的反作用力将衔铁吸合，衔铁通过传动机构带动辅助常闭触点先断开，三对常开主触点和辅助常开触点后闭合；当接触器线圈断电或电压显著下降时，由于铁心的电磁吸力消失或过小，衔铁在反作用弹簧力的作用下复位，并带动各触点恢复到原始状态。

（4）交流接触器的触点含义及接线　图 1-29、图 1-30 所示为 CJX2 系列交流接触器触点的含义及接线。

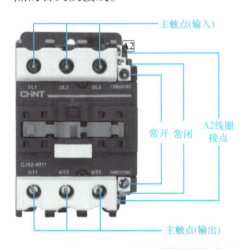

图 1-29 CJX2 系列交流接触器的触点含义

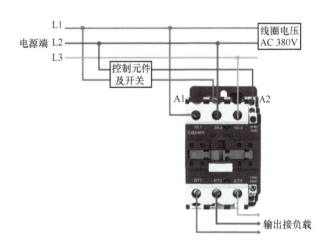

图 1-30 CJX2 系列交流接触器应用接线
（线圈电压 AC 380V）

**4. 接触器的安装与使用**

（1）安装前的检查

1）检查接触器铭牌与线圈的技术数据（如额定电压、电流和操作频率等）是否符合实际使用要求。

2）检查接触器外观，应无机械损伤；用手推动接触器可动部

视频 3

分时，接触器应动作灵活，无卡阻现象；灭弧罩应完整无损，固定牢固。

3）将铁心极面上的防锈油脂或粘在极面上的铁垢用煤油擦净，以免多次使用后衔铁被粘住，造成断电后不能释放。

4）测量接触器的线圈电阻和绝缘电阻。

（2）接触器的安装

1）交流接触器一般应安装在垂直面上，倾斜度不得超过5°；若有散热孔，则应将有孔的一面放在垂直方向上，以利于散热，并按规定留有适当的飞弧空间，以免飞弧烧坏相邻电器。

2）安装和接线时，注意不要将零件掉入接触器内部。安装孔的螺钉应装有弹簧垫圈和平垫圈，并拧紧螺钉以防振动松脱。

3）安装完毕，检查接线正确无误后，在主触点不带电的情况下操作几次，然后测量产品的动作值和释放值，所测数值应符合产品的规定要求。

（3）日常维护

1）应对接触器做定期检查，观察螺钉有无松动，可动部分是否灵活等。

2）接触器的触点应定期清扫，保持清洁，但不允许涂油。当触点表面因电灼作用形成金属小颗粒时，应及时清除。

3）拆装时注意不要损坏灭弧罩。带灭弧罩的接触器绝不允许不带灭弧罩或带破损的灭弧罩运行，以免发生电弧短路故障。

## 实训1-4  接触器的识别、拆解与检测

### 1. 工具、仪表及器材

（1）工具  常用电工工具一套、镊子一把。

（2）仪表  ZC25—3型绝缘电阻表（500V、0~500MΩ）、MF47型指针式万用表或数字式万用表1只。

（3）器材  CJ10、CJ20、CJX1和CJX2型号交流接触器各10只，连接导线若干。各种类型的交流接触器如图1-31所示。

图1-31  各种类型的交流接触器

### 2. 实训过程

（1）交流接触器的识别

1）在教师指导下，仔细观察各种不同系列、规格的交流接触器，熟悉交流接触器的外形、型号及主要技术参数的意义、结构、工作原理及主触点、辅助常开触点和常闭触点、线圈的接线柱等。

2）用胶布盖住型号并编号，由学生根据实物写出各接触器的系列名称、型号和文字符号，画出图形符号并简述接触器的主要结构和工作原理。

（2）交流接触器的拆装与检修　图1-32所示为交流接触器的拆装与检测流程。

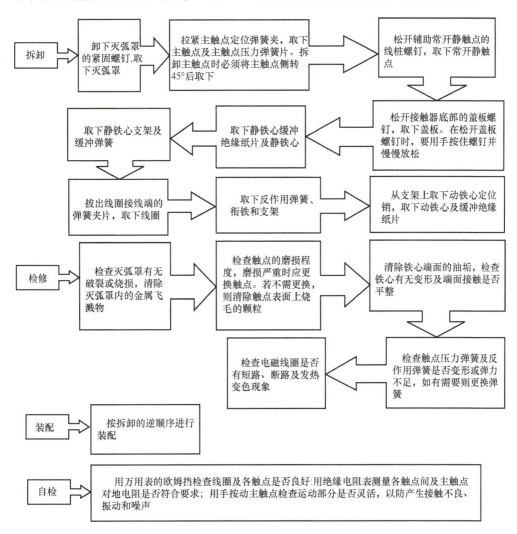

图1-32　交流接触器的拆装与检测流程

### 3. 注意事项

1）拆卸交流接触器时，应备有盛放零件的容器，以免零件丢失。

2）拆装过程中不允许硬撬元件，以免损坏电器。装配辅助静触点时，要防止卡住动触点。

3）交流接触器通电校验时，应把接触器固定在控制板上，要保证测量结果尽量准确，并应有教师监护，以确保安全。

### 4. 职业素养

1）"7S"是整理、整顿、清扫、清洁、素养、安全和节约，"7S"职业素养进课堂、进实训场地。

2）实训课前，准备好电工工具、学习资料，穿工装、绝缘鞋列队进入实训场地。
3）实训期间，按照岗位操作标准和安全操作规范进行实训操作练习，节约实训耗材。
4）实训结束，收好工具、仪器仪表，整理实训台，清理现场，做好维修记录。

### 5. 评分标准

评分标准见表1-11。

表1-11 评分标准

| 项 目 | 配分 | 评 分 标 准 | | 扣分 |
|---|---|---|---|---|
| 识别接触器 | 40分 | （1）写错或漏写名称 | 每只扣5分 | |
| | | （2）写错或漏写型号 | 每只扣5分 | |
| | | （3）写错符号 | 每只扣5分 | |
| 接触器的拆解、组装及检测 | 60分 | （1）拆解不正确或不会拆解 | 扣10分 | |
| | | （2）损坏、丢失或漏装零件 | 扣10分 | |
| | | （3）检测方法或结果不正确 | 扣10分 | |
| | | （4）不会检测 | 扣15分 | |
| | | （5）不能进行通电校验 | 扣15分 | |
| 安全文明生产 | | 违反安全文明生产规程 | 扣5~40分 | |
| 定额时间 | | 60min，每超时5min（不足5min以5min计） | 扣5分 | |
| 备注 | | 除定额时间外，各项目的最高扣分不应超过配分数 | 成绩 | |
| 开始时间 | | 结束时间 | 实际时间 | |

## 六、热继电器

继电器是一种根据输入信号（电量或非电量）的变化，来接通或分断小电流电路（如控制电路），实现自动控制和保护电力拖动装置的电器。一般情况下，继电器不直接控制电流较大的主电路，而是通过控制接触器或其他电器的线圈，来实现对主电路的控制。

继电器的种类很多，按输入信号的性质可分为电压继电器、电流继电器、时间继电器、温度继电器、速度继电器和压力继电器等，按工作原理可分为电磁式继电器、电动式继电器、感应式继电器、晶体管式继电器和热继电器等，按输出方式可分为有触点继电器和无触点继电器。

任何一种继电器，不论它们的动作原理、结构形式和使用场合如何，都主要由感测机构、中间机构和执行机构三部分组成。感测机构把感测到的电量或非电量传递给中间机构，并将它与预定值（整定值）相比较，当达到预定值（过量或欠量）时，中间机构便使执行机构动作，从而接通或断开电路。

热继电器是利用流过继电器的电流所产生的热效应而反时限动作的自动保护电器。所谓反时限动作，是指电器的延时动作时间随通过电路电流的增加而缩短。热继电器主要与接触器配合使用，用于电动机的过载保护、断相保护、电流不平衡运行的保护及其他电气设备发热状态的控制。

热继电器的形式有多种，其中双金属片式应用最多。热继电器按极数划分为单极、两极和三极三种，其中三极热继电器又包括带断相保护装置和不带断相保护装置两种；按复位方式划分有自动复位式和手动复位式两种。图 1-33a、b 所示为 JR 系列热继电器，是工业控制中常用的一个系列，NR 系列热继电器是在 JR 系列基础上设计出来的。

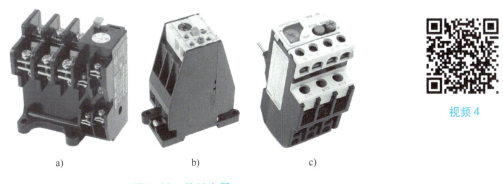

图 1-33　热继电器
a）JR20 系列　b）JRS2 系列　c）NR 系列

（1）热继电器的结构及工作原理

1）结构：两极双金属片式热继电器主要由热元件、传动机构、常闭触点、电流整定装置和复位按钮组成。热继电器的热元件由主双金属片和绕在外面的电阻丝组成。主双金属片由两种热膨胀系数不同的金属片复合而成。

2）工作原理：热继电器使用时，需要将热元件串联在主电路中，常闭触点串联在控制电路中。当电动机过载时，流过电阻丝的电流超过热继电器的整定电流，电阻丝发热增多，温度升高，由于两块金属片的热膨胀程度不同而使主双金属片发生弯曲，通过传动机构推动常闭触点断开，分断控制电路，再通过接触器切断主电路，实现对电动机的过载保护。电源切除后，主双金属片逐渐冷却恢复原位。热继电器的复位机构有手动复位和自动复位两种形式，可根据使用要求通过复位调节螺钉来自由调整选择。一般自动复位时间不大于 5min，手动复位时间不大于 2min。

热继电器的整定电流是指热继电器连续工作而不动作的最大电流。其大小可通过旋转电流整定旋钮来调节。超过整定电流，热继电器将在负载未达到其允许的过载极限之前动作。实践证明，三相异步电动机的断相运行是导致电动机过热烧毁的主要原因之一。对定子绕组接成Y联结的电动机，普通两极或三极结构的热继电器均能实现断相保护。而定子绕组接成△联结的电动机，必须采用三极带断相保护装置的热继电器，才能实现断相保护。

（2）热继电器的型号及含义　热继电器的型号及含义如图 1-34 所示。

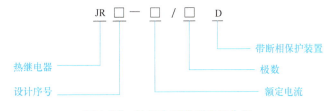

图 1-34　热继电器的型号及含义

（3）热继电器的选用　选择热继电器时，主要根据所保护的电动机的额定电流来确定热继电器的规格和热元件的电流等级。

1)根据电动机的额定电流选择热继电器的规格。一般应使热继电器的额定电流略大于电动机的额定电流。

2)根据需要的整定电流值选择热元件的编号和电流等级。一般情况下,热元件的整定电流应为电动机额定电流的 0.95~1.05 倍。

3)根据电动机定子绕组的连接方式选择热继电器的结构形式,即定子绕组作Y联结的电动机选用普通三相结构的热继电器,而作△联结的电动机应选用三相结构带断相保护装置的热继电器。

(4) 热继电器的安装与使用

1)热继电器必须按照产品说明书中规定的方式安装。安装处的环境温度应与电动机所处环境温度基本相同。当与其他电器安装在一起时,应注意将热继电器安装在其他电器的下方,以免其动作特性受到其他电器发热的影响。

2)安装时,应清除触点表面的尘污,以免因接触电阻过大或电路不通而影响热继电器的动作性能。

3)热继电器出线端的连接导线,应按表 1-12 中的规定选用。这是因为导线的粗细和材料将影响到热元件端接点传导到外部热量的多少。导线过细,轴向导热性差,热继电器可能提前动作;反之,导线过粗,轴向导热快,热继电器可能滞后动作。热继电器连接导线的选用见表 1-12。

表 1-12 热继电器连接导线的选用

| 热继电器额定电流/A | 连接导线截面积/mm² | 连接导线种类 |
| --- | --- | --- |
| 10 | 25 | 单股铜芯塑料线 |
| 20 | 4 | 单股铜芯塑料线 |
| 60 | 16 | 多股铜芯橡皮线 |

## 实训 1-5 热继电器的识别与检测

### 1. 工具、仪表及器材

(1) 工具 常用电工工具一套、镊子一把。

(2) 仪表 ZC25—3 型绝缘电阻表(500V、0~500MΩ)、MF47 型指针式万用表或数字式万用表 1 只。

(3) 器材 JR20 系列、JRS2 系列和 NR 系列热继电器各 5 只。各种类型的热继电器如图 1-35 所示。

### 2. 实训过程

热继电器由指导教师根据实际情况在规定系列内选取,每系列取 2~3 种不同规格。

1)在教师指导下,仔细观察不同类型、不同系列、不同规格的热继电器,熟悉热继电器的外形、型号及主要技术参数的意义、结构、工作原

图 1-35 各种类型的热继电器

理、接入电路的元器件及其接线柱等。

2）根据指导教师给出的元件清单，从所给热继电器中正确选出清单中的热继电器。

3）指导教师从所给热继电器中选取3~4件，盖住型号并编号，由学生根据实物写出热继电器的系列名称、型号和文字符号，画出图形符号；并简述各热继电器的功能、主要结构和工作原理。

4）使用万用表检测热继电器的主触点、辅助触点的通断情况。

5）将热继电器的动作值整定至规定值。

6）检查热继电器的复位方式，并调整到手动复位方式。

### 3. 职业素养

1）"7S"是整理、整顿、清扫、清洁、素养、安全和节约，"7S"职业素养进课堂、进实训场地。

2）实训课前，准备好电工工具、学习资料，穿工装、绝缘鞋，列队进入实训场地。

3）实训期间，按照岗位操作标准和安全操作规范进行实训操作练习，节约实训耗材。

4）实训结束，收好工具、仪器仪表，整理实训台，清理现场，做好维修记录。

### 4. 评分标准

评分标准见表1-13。

表1-13 评分标准

| 项　目 | 配分 | 评 分 标 准 | | 扣分 |
|---|---|---|---|---|
| 识别热继电器 | 40分 | （1）写错或漏写名称 | 每只扣5分 | |
| | | （2）写错或漏写型号 | 每只扣5分 | |
| | | （3）写错符号 | 每只扣5分 | |
| 热继电器的检测、整定 | 60分 | （1）拆解不正确或不会拆解 | 扣10分 | |
| | | （2）损坏、丢失或漏装零件 | 扣10分 | |
| | | （3）检测方法或结果不正确 | 扣10分 | |
| | | （4）不会检测 | 扣15分 | |
| | | （5）不能进行通电校验 | 扣15分 | |
| 安全文明生产 | | 违反安全文明生产规程 | 扣5~40分 | |
| 定额时间 | | 60min，每超时5min（不足5min以5min计） | 扣5分 | |
| 备注 | | 除定额时间外，各项目的最高扣分不应超过配分数 | 成绩 | |
| 开始时间 | | 结束时间 | 实际时间 | |

## 任务2　电气控制电路图识图与绘制

### ➤ 知识目标

1）了解电气控制系统图的分类。

2）学会分析电气原理图。

3）掌握电气控制电路所表达的含义。
4）掌握电气控制的图例符号。
5）掌握电气原理图、电器布置图和电气接线图的绘制规则。

> 技能目标

1）能够正确识读电气控制图。
2）能够绘制电气原理图。
3）能够按照电气原理图绘制电气接线图。

> 培养目标

1）培养学生的职业素养以及职业道德，培养学生按"7S"（整理、整顿、清扫、清洁、素养、安全和节约）标准工作的良好习惯。
2）培养学生具备善于观察，主动学习，能够分析问题、解决问题的能力，学会获取新知识、新技能的学习能力。
3）学生的团队合作能力、专业技术交流的表达能力。
4）具备"7S"的能力和意识。

### 一、识读电气控制系统图

电气控制系统图是一种统一的工程语言，它采用统一的图形符号和文字符号来表达电气设备控制系统的组成结构、工作原理，以及安装、调试和检修等技术要求。电气控制系统图一般包括电气原理图、电器布置图和电气接线图。

#### 1. 电气原理图

电气原理图是采用图形符号和项目代号并按工作顺序排列，详细表明电气设备或成套装置的组成和连接关系及电气工作原理，而不考虑其实际位置的一种简图。电气原理图具有结构简单、层次分明、便于分析电路工作原理等优点，得到了广泛的应用。CA6140型车床电气控制电路如图1-36所示，主电路如图1-37所示，控制电路如图1-38所示。

电气原理图有规定的画法和注意事项。绘制电气原理图的原则：

1）电气原理图一般由主电路、控制电路和辅助电路等部分组成。其中主电路是从电源到电动机的大电流通路，通常包括接触器主触点、热继电器热元件、熔断器和电动机等。控制电路用于电气控制的实现，主要包括热继电器和接触器的线圈、继电器的触点、接触器的辅助触点和按钮等电器。辅助电路包括照明电路、信号电路及保护电路等，通常由照明灯、控制变压器等电器组成。

2）原理图中各电器元件不画出实际外形，而采用国家规定的统一标准电气符号。

3）原理图中同一个电器的各部件根据需要可以不画在一起，应根据便于阅读的原则安排，但必须标注相同的文字符号。

4）原理图中所有电器元件的触点，都应按没有通电或没有外力作用时的常态位置画出。

5）原理图中尽量减少线与线的交叉。有直接电联系的交叉导线连接点，要用小黑圆点表示；无直接联系的交叉导线的连接点不画小黑圆点。

项目1 三相异步电动机点动控制电路

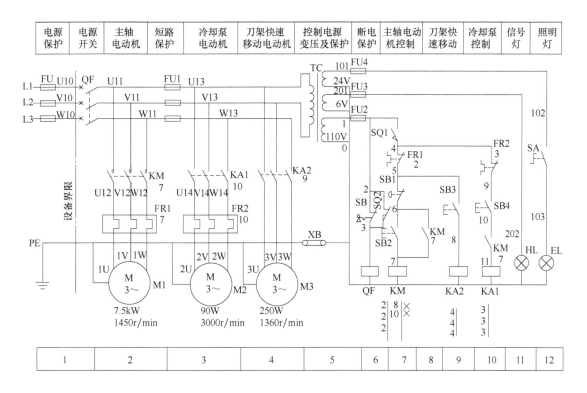

图1-36 CA6140型车床电气控制电路

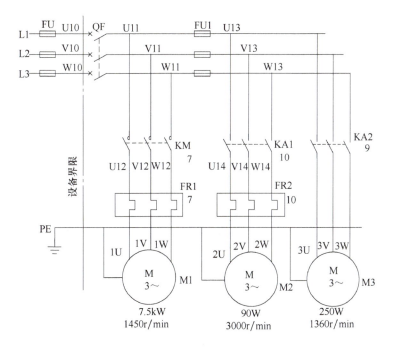

图1-37 CA6140型车床电气控制电路主电路

6）原理图中无论主电路还是辅助电路，各电器一般按动作顺序从上到下、从左到右依次排列，可水平布置或垂直布置。

图 1-36 最上面一行为功能栏，最下面一行为分区栏，简要说明各部分的功能。例如：交流接触器 KM 的线圈在第 7 区，KM 线圈下面分 3 栏并用竖线隔开，最左栏代表主触点所在分区，中间栏代表常开辅助触点所在分区，最右栏代表常闭触点所在分区。$\begin{smallmatrix}2&8&\times\\2&10&\\2&&\end{smallmatrix}$ 表示交流接触器 KM 有 3 对主触点，2 对辅助常开触点，0 对辅助常闭触点。其中辅助常开触点在第 8 区和第 10 区各 1 处。

车床电气控制线路控制过程：以主轴控制为例，按下 SB2 按钮，KM 线圈得电，KM 主触点闭合，同时，KM 常开触点闭合，主轴电动机实现连续运行。按下 SB1 按钮，KM 线圈得失电，KM 主触点断开，同时，KM 常开触点复位，电动机停转。

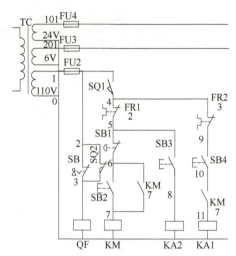

图 1-38　CA6140 型车床电气控制电路控制电路

**2. 电器布置图**

布置图是根据电器元件在控制板上的实际位置，采用简化的外形符号，如正方形、矩形和圆形等而绘制的一种简图。电器布置图不表达各电器元件的具体结构、作用、接线情况及工作原理，主要用于电器元件的布置和安装。图中各电器元件的文字符号必须与电气原理图和电气接线图的标识相一致。

CA6140 型车床控制箱电器布置图如图 1-39 所示。

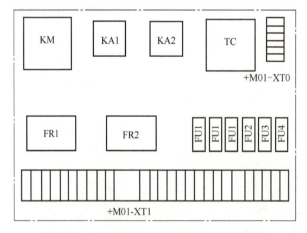

图 1-39　CA6140 型车床控制箱电器布置图

视频 5

**3. 电气接线图**

电气接线图是根据电气设备和电器元件的实际位置和安装情况而绘制的，只用来表示电气设备和电器元件的位置、配线方式和接线方式，而不用明显表示电气动作原理，主要用于安装接线、线路的检查维修和故障处理。CA6140 型车床控制电路的电气接线图如图 1-40 所示。

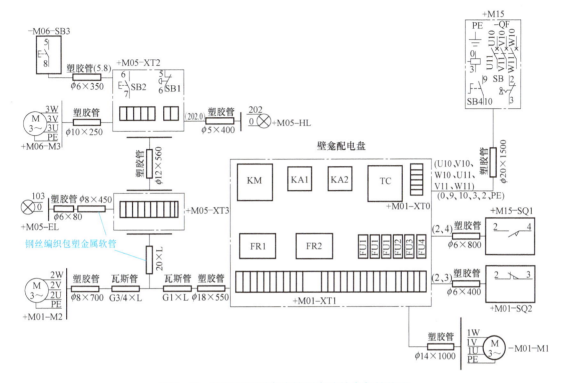

图 1-40　CA6140 型车床控制电路的电气接线图

**4. 电气接线图绘制的简要步骤**

绘制电气接线图时一般按如下 4 个步骤进行：

（1）标注线号　在电气原理图上定义并标注每一根导线的线号。主电路线号的标注通常采用字母加数字的方法标注，控制电路线号采用数字标注。控制电路标注线号时可以在继电—接触器线圈上方或左方的导线标注奇数线号，线圈下方或右方的导线标注偶数线号，也可由上到下、由左到右的顺序标注线号。线号标注的原则是每经过一个电器元件，变换一次线号（不含接线端子）。

（2）画出电器元件框及符号　依照安装位置，在电气接线图上画出电器元件电气符号图形及外框。

（3）分配电器元件编号　给各个电器元件编号，编号用多位数字表示，将电器元件编号连同电气符号标注在电器元件矩形框的斜上方（左上角或右上角）。

（4）填充连线的去向和线号　在电器元件连接导线的线侧和线端标注线号和导线去向。

## 实训 1-6　三相异步电动机点动控制电路绘制

**1. 工具、仪表及器材**

（1）工具　铅笔、橡皮、小刀和直尺。

（2）器材　绘图纸若干。

**2. 实训过程**

（1）资料准备　某控制电路的电气原理图如图 1-41 所示，电器布置图如图 1-42 所示。

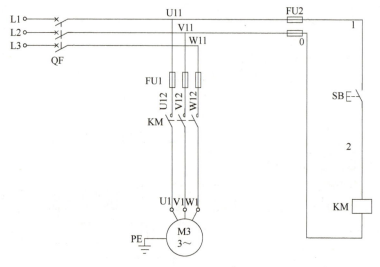

图 1-41　电气原理图

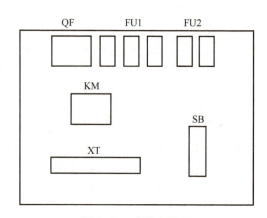

图 1-42　电器布置图

（2）绘制电气接线图　根据绘制步骤，以此完成标注线号、画电器元件框及符号、分配电器元件编号、填充连线的去向和线号。

**3. 职业素养**

1）"7S" 是整理、整顿、清扫、清洁、素养、安全和节约，"7S" 职业素养进课堂、进实训场地。

2）实训课前，准备好电工工具、学习资料，穿工装、绝缘鞋列队进入实训场地。

3）实训期间，按照岗位操作标准和安全操作规范进行实训操作练习，节约实训耗材。

4）实训结束，收好工具、仪器仪表，整理实训台，清理现场，做好维修记录。

## 4. 评分标准

评分标准见表 1-14。

表 1-14 评分标准

| 项 目 | 配分 | 评 分 标 准 | | 扣分 |
|---|---|---|---|---|
| 标注线号，画出电器元件框及符号 | 50 分 | （1）写错或漏写线号 | 每只扣 5 分 | |
| | | （2）写错或漏画电器元件框及符号 | 每只扣 5 分 | |
| | | （3）写错符号 | 每只扣 5 分 | |
| 分配电器元件编号，填充连线的导向和线号 | 50 分 | （1）分配电器元件编号错误 | 扣 10 分 | |
| | | （2）导线绘制不规范 | 扣 10 分 | |
| | | （3）漏写线号或写错 | 扣 10 分 | |
| | | （4）连线错误 | 扣 15 分 | |
| | | （5）漏画导线或线号 | 扣 15 分 | |
| 安全文明生产 | | 违反安全文明生产规程 | 扣 5~40 分 | |
| 定额时间 | | 60min，每超时 5min（不足 5min 以 5min 计） | 扣 5 分 | |
| 备注 | | 除定额时间外，各项目的最高扣分不应超过配分数 | 成绩 | |
| 开始时间 | | 结束时间 | 实际时间 | |

# 任务 3　三相异步电动机点动控制电路分析

## ➢ 知识目标

1）了解电气控制的基本应用。
2）理解低压电器的主要分类。
3）掌握低压电器的工作原理。
4）掌握电气控制的图例符号。
5）理解电动机典型控制电路原理。
6）掌握电气控制系统设计方法。
7）掌握电气故障的排查方法。

## ➢ 技能目标

1）能够正确识读电气控制图样。
2）能够操作典型电动机控制系统。
3）能够正确使用常用低压电器。
4）能够分析典型电气电路原理。
5）能够完成基本电气系统设计。

## 低压电器控制技术

### ➤ 培养目标

1）培养学生的职业素养以及职业道德，培养学生按"7S"（整理、整顿、清扫、清洁、素养、安全和节约）标准工作的良好习惯。

2）培养学生具备善于观察，主动学习，能够分析问题、解决问题的能力，学会获取新知识、新技能的学习能力。

3）学生的团队合作能力、专业技术交流的表达能力。

4）具备"7S"的能力和意识。

### ➤ 识读电气线路图

点动控制电路电气原理图如图1-43所示。

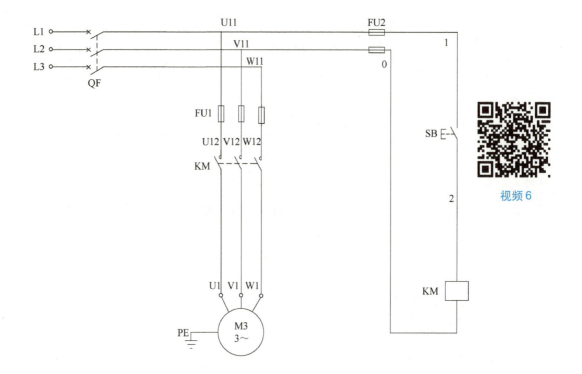

图1-43 点动控制电路电气原理图

在生产实际中，有的生产机械需要点动控制，还有些生产机械进行调整工作时采用点动控制，如行车的手动移动、机床的快速移动多数为点动控制。

图1-43所示为最基本的点动控制电路。当按下点动起动按钮SB时，接触器KM线圈通电吸合，主触点闭合，电动机接通电源。当手松开按钮时，接触器KM断电释放，主触点断开，电动机被切断电源停止旋转。点动控制电路安装接线图如图1-44所示，点动控制电路电器元件布置图如图1-45所示。

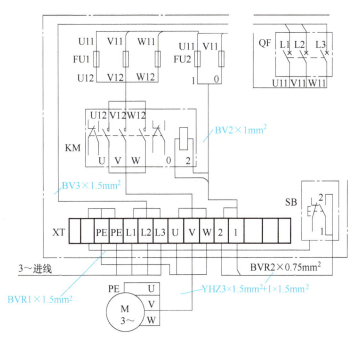

图1-44 点动控制电路安装接线图

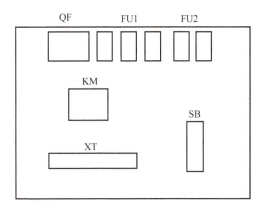

图1-45 点动控制电路电器元件布置图

## 实训1-7 三相异步电动机点动控制电路安装与调试

### 1. 工具、仪表及器材

（1）工具 常用电工工具一套，压线钳一把，剥线钳一把，如图1-46所示。

（2）仪表 MF47型指针式万用表或数字式万用表。

（3）器材 三相笼型异步电动机1台，交流接触器1个，小型三相低压断路器1个，三位按钮盒1个，指示灯2个，熔断器及熔管各5个，网孔板1个，连接导线3盘（红色、黑色和黄绿色），熔断器熔体5个，三相五线制电源一处，针式及U形冷压片、线号管、线槽、网孔板卡扣、扎带、木螺钉、电源连接线及电动机连接线若干，如图1-47所示，具体型号见表1-15。

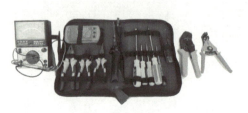
图 1-46 常用电工工具

图 1-47 器材

表 1-15 点动控制电路器材清单

| 序号 | 名 称 | 型号与规格 | 数量 |
| --- | --- | --- | --- |
| 1 | 三相异步电动机 | Y112M—4,4kW,380V,8.8A | 1 台 |
| 2 | 熔断器 | RT28—32,500V,配 20A 和 4A 熔体 | 5 只 |
| 3 | 低压断路器 | DZ47—63,380V20A | 1 只 |
| 4 | 交流接触器 | CJX1—9/22 线圈电压 380V | 1 只 |
| 5 | 热继电器 | JR36—20 或 NR4—63,整定电流 9.6A | 1 只 |
| 6 | 按钮 | LA4—3H | 1 只 |
| 7 | 端子板 | TB1510L | 1 条 |
| 8 | 网孔板 | 800mm×800mm | 1 个 |
| 9 | 线槽 | 40mm×60mm 蓝色或灰色 | 若干 |
| 10 | 塑料软铜线 | BV 1.5mm² 黑色;BV 1.0mm² 红色 | 若干 |
| 11 | 保护零线（PE） | BVR 1.5mm² 黄绿双色 | 若干 |
| 12 | 线号管 | 自定 | 若干 |
| 13 | 导轨 | 35mm×100mm | 若干 |
| 14 | 冷压端子 | PTV 1.25—13 针式;SV 1.25—3 欧式 U 形 | 若干 |
| 15 | 扎带 | 150mm | 若干 |
| 16 | 木螺钉 | $\phi$3mm×20mm;$\phi$3mm×15mm | 若干 |
| 17 | 网孔板卡扣 | 电工实训网孔板专用塑料卡扣（蓝色） | 若干 |

**2. 实训过程**

（1）准备工具、器材 熟悉电气原理图、电器布置图和电气接线图,准备电工工具及仪表,根据表 1-15 器材清单准备器材。

（2）检查电器元件

1）检查所用电器元件的外观应完整无损,附件、备件齐全。

2）在不通电的情况下,用万用表检查电器元件触点分合情况。

3）在不通电的情况下,用手同时按下接触器的三个主触点,注意要用力均匀。检查操作机构是否灵活、有无衔铁卡阻现象。用万用表检查交流接触器线圈的通断情况,若线圈直流电阻为零,则线圈短路;若为∞,则线圈断路。以上两种情况均不能使用。正常情况是线圈直流电阻显示一定的阻值。

4）在不通电的情况下,检查熔断器熔体是否断开或烧坏。

5）检查接触器线圈电压等级、额定电流和触点数目是否与控制要求相符。

（3）安装电器元件

1）检测完电器元件后，根据布置图尺寸进行布局，切割导轨、线槽，要求导轨、线槽横平竖直，无毛边。两根线槽如果直角搭在一起，线槽需要做45°处理。

2）安装导轨、线槽，要求横平竖直、安装牢固无松脱。

3）根据电器元件布置图，同时电器元件的安装符合产品说明书中规定的安装要求，保证电器元件的正常工作，电器元件的布局整体美观，考虑电器元件之间的电磁干扰和发热性干扰，电器元件的布局讲究横平竖直、整齐排列。

某控制电路布线前的效果如图1-48所示。

图1-48 某控制电路布线前的效果

（4）按图布线

1）根据电气接线图，按照先主后辅、从上到下、从左到右的顺序进行接线，注意布线要正确、合理，冷压片压接牢固，线号管线号方向一致，导线平直美观，接线正确牢固。接线时不可跨接，也不可漏铜过长，一个接线端子上的连接导线不能超过两根，一般只允许连接一根，一个冷压片只允许压接一根导线。

2）电源线、电动机线及线路导线考虑到安全因素，便于区分及以后故障排除，导线颜色要遵循国家规定三相五线制导线颜色，分别是A线黄色，B线绿色，C线红色，N线蓝色，PE线黄绿双色。一般主电路布线采用黑色导线，控制电路布线采用红色导线。某控制电路电源电动机接线如图1-49所示。

图1-49 某控制电路电源电动机接线

（5）电路自检 安装完毕的控制电路，必须经过认真检查后才允许通电试运行。

1）检查导线连接的正确性。按照电气原理图或电气接线图从电源端开始，逐段核对端子处线号是否正确，有无漏接、错接之处。检查导线接点是否符合要求，压接是否牢固。

2）用万用表检查电路的通断情况，用万用表检测已布线完成的控制电路，如果测量结果与正确值不符，应根据电气原理图和电气接线图检查有无错误接线，包括主电路检测和控制电路检测。

① 主电路检测：用万用表直流电阻挡，把两个表笔放在端子板L1与V、W，L2与U、W，L3与U、V端上，如果万用表电阻显示为0，则说明主电路接线短路，需要进行线路检查。如果万用表电阻显示为1或∞，则主电路接线正确。

② 控制电路检测：用万用表直流电阻挡，把两个表笔放在控制电路熔断器的两个出线端上，此时万用表电阻显示为1或∞，如果再次按下点动控制线路点动按钮，则万用表显示一定阻值（不同电压等级接触器线圈电阻值不同），说明电路接线正确。如果万用表显示电阻阻值为0，则说明控制电路接线短路，停止通电试运行，进行线路检查。点动控制电路检

测如图 1-50 所示。

图 1-50　点动控制电路检测
a) 没按下按钮　b) 按下按钮

（6）通电试运行

1）遵循通电试运行步骤。

① 接线。先连接保护接地线（按电动机地线、配电板地线和电源台地线的顺序），再连接电动机线，最后连接电源线（先接端子侧，再接电源侧）。点动控制电路通电试运行接线与验电如图 1-51 所示。

② 送电、验电（此处加报告考官口令：接线完毕，请求试运行！）。扣倒"有人工作，请勿合闸"的警示牌，合上电源开关，再合上组合开关，进行验电（熔断器负载侧）。

③ 试运行。按下起动按钮；按下停止按钮。

④ 断电、验电（此处加报告考官口令：试运行完毕，请求拆线！）。断开组合开关，断开电源开关，竖起"有人工作，请勿合闸"的警示牌，验电（接线端子电源线位置）。

⑤ 拆线。先拆电源线（先拆电源侧，再拆端子侧），再拆电动机线，最后拆保护接地线（按电源台地线、配电板地线和电动机地线的顺序）。

2）在指导教师监护下试运行。先合上实训台断路器，再合上配电盘断路器，按下按钮 SB1，电动机起动运行。如果发现电器动作异常，电动机不能正常运转，必须马上松开 SB1，并断电进行检修。注意不允许带电检查。通电试运行完毕，按操作步骤断电、验电和拆线，清理工作台位，清点工具。

（7）注意事项

1）操作时要胆大、心细、谨慎，不许用手触及各电器元件的导电部分及电动机的转动部分，以免触电及意外损伤。

2）只有在断电的情况下，方可用万用电表欧姆挡来检查线路的接线正确与否。

3）在观察电器动作情况时，绝对不能用手触摸电器元件。

4）在主电路接线时一定要注意各相之间的连线不能弄混淆，不然会导致相间短路。

5）操作者如果是左手习惯，在通电试运行与验电过程中，采用右手来完成。

### 3. 职业素养

1）"7S"是整理、整顿、清扫、清洁、素养、安全和节约，"7S"职业素养进课堂、进实训场地。

项目1 三相异步电动机点动控制电路

图1-51 点动控制电路通电试运行接线与验电

a) 通电试运行接线  b) 通电试运行验电

2) 实训课前,准备好电工工具、学习资料,穿工装、绝缘鞋列队进入实训场地。
3) 实训期间,按照岗位操作标准和安全操作规范进行实训操作练习,节约实训耗材。
4) 实训结束,收好工具、仪器仪表,整理实训台,清理现场,做好维修记录。

### 4. 评分标准

评分标准见表1-16。

表1-16 评分标准

| 项 目 | 配分 | 评 分 标 准 | | 扣分 |
|---|---|---|---|---|
| 安装电器元件 | 30分 | (1) 不按布置图安装 | 每只扣10分 | |
| | | (2) 电器元件安装不牢固 | 每只扣4分 | |
| | | (3) 电器元件安装不整齐、不匀称、不合理 | 每只扣3分 | |
| | | (4) 电器元件损坏 | 每只扣15分 | |
| 布线 | 30分 | (1) 不按接线图接线 | 每处扣10分 | |
| | | (2) 布线不符合要求 | 每只扣4分 | |
| | | (3) 接点松动、露铜过长、反圈等 | 每只扣3分 | |
| | | (4) 漏画导线或线号 | 每只扣15分 | |
| 通电试车 | 40分 | (1) 第一次试运行不成功 | 扣10分 | |
| | | (2) 第二次试运行不成功 | 扣20分 | |
| | | (3) 第三次试运行不成功 | 扣30分 | |
| 安全、文明操作 | | 违反安全文明生产规程 | 扣5~40分 | |
| 定额时间 | | 60min,每超时5min(不足5min以5min计) | 扣5分 | |
| 备注 | | 除定额时间外,各项目的最高扣分不应超过配分数 | 成绩 | |
| 开始时间 | | 结束时间 | 实际时间 | |

# 项目2
# 三相异步电动机正转控制电路

## 任务1　三相异步电动机连续正转控制电路分析

➢ **知识目标**

1）熟知接触器自锁正转控制电路的构成、工作原理。
2）能正确识读连续正转控制电路的原理图、接线图和布置图。

➢ **技能目标**

1）熟知线路安装工艺要求并能正确熟练地进行安装。
2）初步掌握按钮、接触器等的选用与简单检修。

➢ **培养目标**

1）培养学生的职业素养以及职业道德，培养学生按"7S"（整理、整顿、清扫、清洁、素养、安全和节约）标准工作的良好习惯。
2）培养学生具备善于观察，主动学习，能够分析问题、解决问题的能力，学会获取新知识、新技能的学习能力。
3）学生的团队合作能力、专业技术交流的表达能力。
4）具备"7S"的能力和意识。

### 一、接触器自锁正转控制电路

接触器自锁正转控制电路如图 2-1 所示。与点动控制电路相比较，两者主电路相同，但控制电路不同。在接触器自锁正转控制电路中，起动按钮 SB1 的两端并接了接触器 KM 的一对辅助常开触点，这种结构称为自锁；同时，串接了一个常闭（停止）按钮 SB2。

合上电源开关 QF，线路的工作原理如下：

视频 7

起动后，松开起动按钮 SB1，但接触器 KM 线圈得电已使辅助常开触点闭合，SB1 短接，控制电路仍保持接通，接触器 KM 能够持续通电，电动机 M 实现了连续运转。

停止时，按下按钮 SB2 控制电路断开，同时 SB1 也是分断的，接触器 KM 线圈失电，其自锁触点断开解除自锁，KM 主触点断开，电动机停止运转。

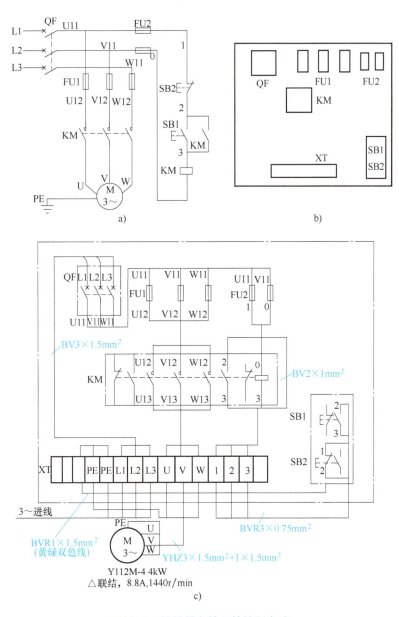

图 2-1　接触器自锁正转控制电路

a）电路图　b）布置图　c）接线图

**例 2-1**　图 2-2 所示为自锁正转控制电路，分析与指出其中的错误并加以改正。

**解**：在图 2-2a 中，接触器 KM 的自锁触点不应该用辅助常闭触点。用辅助常闭触点构不成自锁，电路会出现时通时断的现象。改正方法：辅助常闭触点改换成辅助常开触点，使电路正常工作。

在图 2-2b 中，接触器 KM 的辅助常闭触点不应串接在电路中。否则，按下起动按钮 SB 后，电路出现时通时断的现象。改正方法：应把 KM 的辅助常闭触点改换成常闭（停止）按钮，使电路正常工作。

在图 2-2c 中，接触器 KM 的自锁触点并接在停止按钮 SB2 的两端，失去了自锁作用，电路只能实现点动控制。改正方法：应把自锁触点并接在起动按钮 SB1 两端。

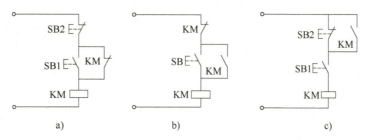

图 2-2　自锁正转控制电路

自锁控制电路的保护功能是：接触器自锁控制线路能使电动机连续运转，同时还具有欠电压和失电压（或零压）保护作用。

（1）欠电压保护　接触器自锁控制线路具有欠电压保护作用。欠电压保护是指当线路电压下降到一定数值时，电动机能自动脱离电源停止转动，从而避免电动机在欠电压状态下运行的一种保护。当线路电压下降到一定值（约 85% $U_N$）时，接触器线圈两端的电压也同样下降到此值，使接触器线圈磁通减弱，产生的电磁吸力减小。吸合力不足，小于反作用弹簧的拉力时，动铁心被迫释放，主触点和自锁触点同时分断，自动切断主电路和控制电路，电动机失电停转，起到了欠电压保护的作用。

（2）失电压（零压）保护　接触器自锁控制线路也可实现失电压保护作用。失电压（零压）保护是指电动机在正常运行中，由于外界某种原因引起突然断电时，能自动切断电动机电源，而当重新供电时，确保电动机不能自行起动的一种保护。当断电时，接触器自锁触点和主触点断开，使控制电路和主电路都不能接通，因而在电源恢复供电时，电动机就不会自行起动运转，保证了人身和设备的安全。

## 二、具有过载保护的接触器自锁正转控制电路

在图 2-1 所示接触器自锁正转控制电路中，通过熔断器 FU1、FU2 分别对主电路和控制电路起短路保护作用，接触器 KM 除控制电动机的起、停外，还具有欠电压和失电压保护作用。

图 2-3 所示线路是在图 2-1 所示接触器自锁正转控制电路中，增加了一只热继电器 FR，构成了具有过载保护的接触器自锁正转控制电路。该线路既具有短路保护、欠电压和失电压保护，还具有过载保护作用，在生产实际中获得了广泛应用。

过载保护是指当电动机出现过载时，能自动切断电动机的电源，使电动机停转的一种保护。

点动控制属于短时工作方式，因此不需要对电动机进行过载保护。而自锁控制电路中的电动机往往要长时间工作，所以必须对电动机进行过载保护。电动机在运行过程中，如果长时间负载过大，工作电流就会增大，超过其额定值。在这种情况下，熔断器往往并不熔断，

使定子绕组过热,导致温度持续升高。若温度超过允许温升,就会造成绝缘损坏,缩短电动机的使用寿命,严重时甚至会烧毁电动机的定子绕组。

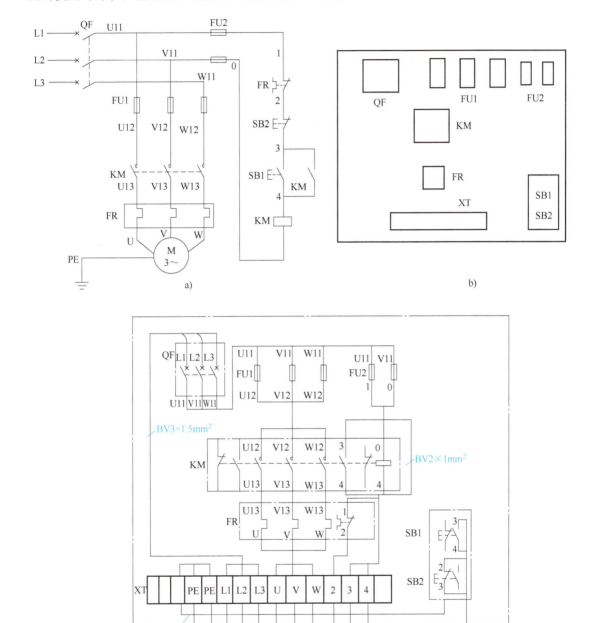

图 2-3 具有过载保护的接触器自锁正转控制电路
a) 电路图  b) 布置图  c) 接线图

最常用的过载保护措施就是在工作线路中增加热继电器 FR，如图 2-3 所示。将热继电器的热元件串联接入主电路，常闭触点串联接入控制电路。当电动机正常工作时，热继电器不动作。当电动机过载且时间较长时，热元件因过流发热引起温度升高，双金属片受热膨胀弯曲变形，推动传动杆使热继电器常闭触点断开，切断控制电路，接触器线圈断电而断开主电路，实现对电动机的过载保护。

**想一想：** 熔断器和热继电器都是保护电器，两者能否相互代替使用？为什么？

在照明、电加热等电路中，熔断器 FU 既可以作短路保护，也可以作过载保护。但是，在电动机电气控制中，熔断器只能用作短路保护。因为若用熔断器作为过载保护，则选择的额定电流就应等于或稍大于电动机的额定电流；但是，三相异步电动机的起动电流很大，全压起动时 $I_{st}=(4\sim7)I_N$，所以电动机起动时，由于起动电流大大超过了熔断器的额定电流，使熔断器在很短的时间内熔断，造成电动机无法起动。因此，熔断器只能作短路保护，熔体额定电流应取电动机额定电流的 1.5～2.5 倍。

热继电器在三相异步电动机控制线路中只能作为过载保护，不能用作短路保护。由于热继电器的热元件具有热惯性，所以热继电器从过载到触点断开需要延迟一定的时间，即热继电器具有延时动作特性。这一特性正好符合电动机的起动要求，否则电动机在起动过程中会因过载而断电。但由于热继电器的延时动作特性，即使负载短路也不会瞬时断开，因此热继电路不能作短路保护。热继电器的复位应在过载断电几分钟后，待热元件和双金属片冷却后进行。总之，热继电器和熔断器两者所起的作用不同，不能相互代替使用。

## 实训 2-1　三相异步电动机连续正转控制电路安装与调试

### 1. 工具、仪表及器材

（1）工具　常用电工工具一套，压线钳一把，剥线钳一把。
（2）仪表　MF47 型指针式万用表或数字式万用表一只。
（3）器材　参照表 2-1 选配工具、仪表和器材，并检测质量是否合格。

表 2-1　器材清单

| 序号 | 名　　称 | 型号 | 规　　格 | 数量 |
|---|---|---|---|---|
| 1 | 三相笼型异步电动机 | Y112M—4 | 4kW、380V、8.8A、Y联结、1440r/min | 11 |
| 2 | 低压断路器 | DZ47—63 | 三极、380V、额定电流 20A | 1 |
| 3 | 熔断器 | RT28—32 | 500V、60A、配熔体 20A | 3 |
| 4 | 熔断器 | RT28—32 | 500V、60A、配熔体 4A | 2 |
| 5 | 交流接触器 | CJX1—9/22 | 20A、线圈电压 380V | 1 |
| 6 | 热继电器 | JR36—20 | 三极、整定电流 9.6A | 2 |
| 7 | 按钮 | LA4—3H | 保护式、380V、5A | 1 |
| 8 | 端子板 | TB1510L |  | 1 |
| 9 | 网孔板 |  | 800mm×800mm | 1 |
| 10 | 网孔板卡扣 |  | 电工实训网孔板专用塑料卡扣（蓝色） | 若干 |
| 11 | 线槽 |  | 40mm×60mm 蓝色或灰色 | 若干 |
| 12 | 木螺钉 |  | φ3mm×20mm；φ3mm×20mm | 若干 |

(续)

| 序号 | 名称 | 型号 | 规格 | 数量 |
|---|---|---|---|---|
| 13 | 导轨 | | 35mm×100mm | 若干 |
| 14 | 主电路导线 | | BV 1.5mm² （黑色） | 若干 |
| 15 | 控制电路导线 | | BV 1mm² （红色） | 若干 |
| 16 | 按钮线 | | BVR 0.75mm² （红色） | 若干 |
| 17 | 接地线 | | BVR 1.5mm² （黄绿双色） | 若干 |
| 18 | 电动机引线 | | 500mm×400mm×20mm | 若干 |
| 19 | 冷压端子 | | PTV1.25—13 针式；SV1.25—3 欧式 U 形 | 若干 |

**2. 实训过程**

（1）自锁正转控制电路安装

1）按图 2-1b 所示的电器布置图，在网孔板上安装所有的电器元件和 PVC 线槽，并贴上醒目的文字标号。电器元件排列应整齐匀称、间距合理，便于更换和维修；断路器、熔断器和接触器的受电端应该在上侧；紧固电器元件时用力要均匀，紧固程度适当，做到既要使电器元件安装牢固，又不使其损坏。

2）安装自锁正转控制电路。按图 2-1c 所示电气接线图，进行板前布线和套编码管套。工艺要求如下：

① 布线横平竖直，整齐，分布均匀，紧贴安装面，走线合理。
② 编码管套要正确。
③ 严禁损伤线芯和导线绝缘层。
④ 连接点要牢靠，不得松动，不得挤压绝缘层，不反圈及不露铜过长。

根据图 2-1 所示接触器自锁正转控制电路，在点动正转控制电路基础上，安装停止按钮 SB2 和接触器 KM 自锁触点，完成接触器自锁正转控制电路的安装，如图 2-4 所示。

图 2-4 接触器自锁正转控制电路板
a）布线 b）接线

**想一想**：停止按钮 SB2 和接触器 KM 的自锁触点是怎样接入控制电路的？

3）线路检测。接线完成后，先进行常规检查，对照原理图依次检查，重点检查按钮接线，防止发生错接。用手拨动并仔细观察各接线端子处接线，排除压线过松、挤压绝缘层等故障。在断电的情况下，用万用表电阻挡（$R \times 1$）进行检查。

① 主电路检测。将万用表置于欧姆挡，将其表笔分别放在 U11—U12、V11—V12、W11—W12、U11—1 和 V11—0 侧之间的接线端子上，读数应为零；再将表笔分别放在 U12—U、V12—V 和 W12—W 之间的接线端子上，人为将接触器 KM 吸合，此时万用表的读数应接近零。

② 控制电路检测。将两表笔放在 0—1 号线端子上。

a. 按下 SB1 按钮，读数应为 KM 线圈的电阻值 $R_{KM}$；再按下 SB2，万用表的读数应为 ∞。

b. 按下 KM 顶端黑按钮不松时，读数应为 KM 线圈的电阻值 $R_{KM}$；再按下 SB2，万用表的读数应为 ∞。

4）通电试运行。经上述检查无误后，检查三相电源电压，进行通电试运行。

通电时，必须经指导老师同意，并在现场监护。出现故障后学生应独立进行检修。

通电试运行完毕，停转，切断电源。先拆除三相电源线，再拆除电动机负载线。

通电试运行停送电步骤如下：

① 接线。先接保护接地线（按电动机地线、配电板地线和电源台地线的顺序），再接电动机线，最后接电源线（先接端子侧，再接电源侧）。

② 送电、验电。扣倒"有人工作，请勿合闸"的警示牌，合上电源开关，合上组合开关，验电（熔断器负载侧）。

③ 试运行。按下起动按钮，按下停止按钮。

④ 断电、验电。断开组合开关，断开电源开关，竖起"有人工作，请勿合闸"的警示牌，验电（接线端子电源线位置）。

⑤ 拆线。先拆电源线（先拆电源侧，再拆端子侧），再拆电动机线，最后拆保护接地线（按电源台地线、配电板地线和电动机地线的顺序拆除）。

（2）具有过载保护的接触器自锁正转控制电路安装　根据图 2-3 所示的具有过载保护的接触器自锁正转控制电路，在已安装好的自锁正转控制电路板上，加装热继电器 FR。按照前述实训步骤要求，完成具有过载保护的接触器自锁正转控制电路的安装。加装热继电器后的控制电路板如图 2-5 所示。

a)　　　　　　　　　　　　　b)

图 2-5　具有过载保护的接触器自锁正转控制电路板

a）布线　b）连接

### 3. 注意事项

1）接触器 KM 的自锁（常开）触点应并接在起动按钮 SB1 两端，停止按钮 SB2 应串接在控制电路中；热继电器 FR 的热元件应串接在主电路中，它的常闭触点应串接在控制电路中。

2）断路器电源进线应接在"电源侧"接线端子，出线则应接在"负载侧"接线端子；圆筒帽形熔断器底座，进线出线应遵循"上进下出"原则；接触器进线端子标志为"1/L1、3/L2、5/L3"，出线端子标志为"2/T1、4/T2、6/T3"。

3）电动机外壳必须可靠接地。

4）选取合适的热继电器整定电流，绝对不允许弯折双金属片。

5）热继电器因电动机过载动作后，若需再次起动电动机，必须待热元件冷却且热继电器复位后才可进行。

6）起动电动机时，应密切观察电动机的运行情况，出现故障时立即切断电源停机，防止事故的扩大。

### 4. 职业素养

1）"7S"是整理、整顿、清扫、清洁、素养、安全和节约，"7S"职业素养进课堂、进实训场地。

2）实训课前，准备好电工工具、学习资料、穿工装、绝缘鞋列队进入实训场地。

3）实训期间，按照岗位操作标准和安全操作规范进行实训操作练习，节约实训耗材。

4）实训结束，收好工具、仪器仪表，整理实训台，清理现场，做好维修记录。

### 5. 评分标准

评分标准见表 2-2。

表 2-2 评分标准

| 项目内容 | 配分 | 评 分 标 准 | 扣分 |
| --- | --- | --- | --- |
| 装前检查 | 5 分 | 电器元件漏检或错检 | 每处扣 1 分 |
| 安装电器元件 | 15 分 | （1）不按布置图安装<br>（2）电器元件安装不牢固<br>（3）电器元件安装不整齐、不匀称及不合理<br>（4）损坏电器元件 | 扣 15 分<br>每只扣 4 分<br>每只扣 3 分<br><br>扣 15 分 |
| 布线 | 40 分 | （1）不按电路图接线<br>（2）布线不符合要求<br>（3）接点松动、露铜过长及反圈等<br>（4）损伤导线绝缘层或线芯<br>（5）编码套管套装不正确<br>（6）漏接接地线 | 扣 25 分<br>每根扣 3 分<br>每个扣 1 分<br>每根扣 5 分<br>每处扣 1 分<br>扣 10 分 |

（续）

| 项目内容 | 配分 | 评分标准 | | 扣分 |
|---|---|---|---|---|
| 通电试车 | 40 分 | （1）热继电器未整定或整定错误<br>（2）熔体规格选用不当<br>（3）第一次试运行不成功<br>（4）第二次试运行不成功<br>（5）第三次试运行不成功 | 扣 15 分<br>扣 10 分<br>扣 20 分<br>扣 30 分<br>扣 40 分 | |
| 安全文明生产 | | 违反安全文明生产规程 | 扣 5~40 分 | |
| 定额时间 | | 3h，每超时 5min（不足 5min 以 5min 计） | 扣 5 分 | |
| 备注 | | 除定额时间外，各项目的最高扣分不应超过配分数 | 成绩 | |
| 开始时间 | | 结束时间 | 实际时间 | |

## 任务 2　三相异步电动机点动与连续正转控制电路分析

➤ **知识目标**

1）熟知连续与点动混合正转控制电路的构成及工作原理。
2）能正确识读连续正转控制电路的原理图、接线图和布置图。

➤ **技能目标**

1）能正确编写安装步骤和工艺要求，并进行正确安装。
2）能正确选用安装和检修所用的工具、仪表及器材。
3）熟悉线路故障检修的一般步骤和方法，并能进行正确调试和检修。

➤ **培养目标**

1）培养学生的职业素养以及职业道德，培养学生按"7S"（整理、整顿、清扫、清洁、素养、安全和节约）标准工作的良好习惯。
2）培养学生具备善于观察，主动学习，能够分析问题、解决问题的能力，学会获取新知识、新技能的学习能力。
3）学生的团队合作能力、专业技术交流的表达能力。
4）具备"7S"的能力和意识。

### 一、连续与点动混合正转控制电路

实际生产中有些生产设备，如机械加工过程中的生产设备常常需要试运行或调整对刀，其刀架、横梁和立柱也常需要快速移动等，此时需要"点动"动作；但在机床加工过程中，大部分时间要求机床要连续运行，要求电动机既能点动工作，又能连续运行，这时就要用到电动机的点动与连续运行控制电路，如图 2-6 所示。

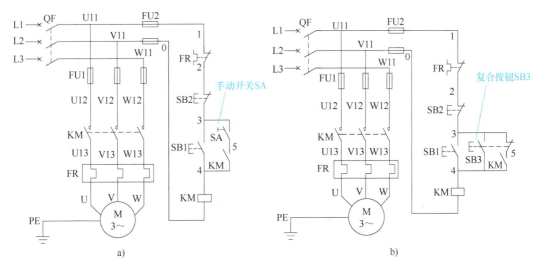

图2-6 连续与点动混合正转控制电路

图2-6a中把手动开关SA串接在自锁电路中。当把SA闭合或打开时，就可实现电动机的连续或点动控制。

图2-6b中在起动按钮SB1的两端并接一个复合按钮SB3，实现连续与点动混合正转控制。SB3的常开辅助触点与起动按钮SB1并联，SB3的常闭触点应与KM自锁触点串接。如图2-6b所示，合上电源开关QF，线路的工作原理如下：

**1. 连续控制**

**2. 点动控制**

**例2-2** 试分析图2-7所示电气控制电路是否具有短路和过载保护功能，能否实现点动与连续控制。

**解**：该电路不能正常工作。线路有以下三处错误：

1）控制电路的0号电源线接在接触器KM主触点下方，即使按下起动按钮SB1，由于主触点是断开的，控制电路形不成回路无法导通，应将控制电路的电源线改接到KM主触点的上方。

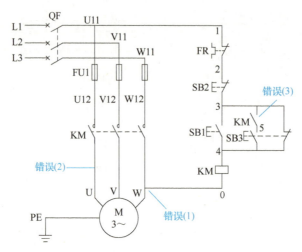

图 2-7　电气控制电路

2）控制电路中虽然串接了热继电器 FR 的常闭触点,但其热元件并未串接在主电路中,所以热继电器 FR 起不到过载保护作用,应把 FR 的热元件串接到主电路中。

3）接触器 KM 的自锁触点与复合按钮 SB3 的常开触点串接,而 SB3 的常闭触点与起动按钮 SB1 并接,造成电动机自行起动,达不到点动与连续控制要求,应把 KM 自锁触点与 SB3 的常闭触点串接。

## 二、控制线路故障检修方法

电力拖动控制电路故障一般分为自然故障和人为故障两大类。自然故障是由于电气设备在运行时过载、振动、锈蚀、金属屑和油污侵入、散热条件恶化等原因,造成电气绝缘下降、触点熔焊、接点接触不良,甚至发生接地或短路。人为故障是由于在安装布线时接线错误,或由于在维修电气故障时没有找到真正原因,或修理操作不当,不合理地更换电器元件或改动线路等原因而形成的。一旦线路发生故障,轻者会使电气设备不能工作,影响生产;重者会造成人身、设备伤害事故。作为电气操作人员,应加强日常设备的维护与检修,防止事故发生;同时,应在事故发生时能及时查明原因,准确排除故障。

常用的故障分析方法有调查研究法、试验法、逻辑分析法和测量法。

### 1. 调查研究法

调查研究法就是通过"看""听""闻""摸""问",了解明显的故障现象。这种方法效率高,经验性强,技巧性大,需要在长期的生产实践中不断地积累和总结经验。

### 2. 试验法

试验法是在不扩大故障范围,不损坏电气设备和机械设备的前提下,对线路进行通电试验来查找故障的一种方法。该方法通过观察电气设备和电器元件的动作是否正常,各控制环节的动作程序是否符合逻辑要求,初步确定故障发生的大致部位或回路。

### 3. 逻辑分析法

逻辑分析法是根据电力拖动控制线路的工作原理、控制环节的动作程序以及它们之间的联系,结合故障现象进行故障分析的一种方法。逻辑分析法以故障现象为中心,对线路进行具体分析，提高检修的针对性，缩小故障范围，特别适用于对复杂线路进行故障检查。

### 4. 测量法

测量法是利用电工工具和仪表对线路进行带电或断电测量的方法，常用的方法有电压测量法和电阻测量法。

（1）电压测量法　电压测量法是指利用万用表测量电气线路上某两点间的电压值来判断故障点的范围或故障元件的方法。

故障现象：按下起动按钮 SB1，接触器 KM 不吸合。按照图 2-8 所示的方法进行测量。

检查时，首先用万用表测 0—1 两点间的电压，若电压正常应为 380V。然后按住起动按钮 SB1 不放，同时将黑表笔接到点 0 上，红表笔按 4、3 和 2 标号依次向前移动，分别测量 0—4、0—3 和 0—2 各阶的电压，在电路正常的情况下，各阶的电压值均为 380V。

如测到 0—4 之间无电压，说明是断路故障，此时可以将红表笔向前移动，当移至某点（如 2 点）时电压正常，说明 2 点以后的触点或接线有故障。一般是 2 点以后的第二个触点（即刚跨过停止按钮 SB2 的触点）或连接线短路。

（2）电阻测量法　电阻测量法是指利用万用表测量电气线路上某两点间的电阻值来判断故障点的范围或故障元件的方法。

测量检查时，首先把万用表的转换开关置于倍率适当的电阻挡位上（一般选 $R×100$ 以上的挡位），然后按图 2-9 所示的方法进行测量。

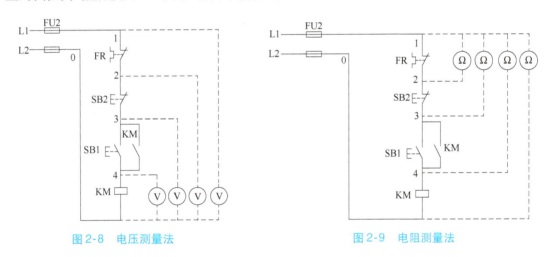

图 2-8　电压测量法　　　　　　　　图 2-9　电阻测量法

用万用表的电阻挡检测前应先断开电源，然后按下 SB1 不放，先测量 1—0 两点间的电阻，如电阻值为无穷大，说明 1—0 之间的电路断路。然后分阶测量 1—2、1—3 和 1—4 各点间电阻值。若电路正常，则该两点间的电阻值为 0；当测量到某标号间的电阻值为无穷大时，说明表笔刚跨过的触点或连接导线断路。

电阻测量法的注意事项：

1）用电阻测量法检查故障时一定要断开电源。

2）当被测电路与其他电路并联时，必须将该电路与其他电路断开，否则所测得的电阻值是不准确的。

3）测量高电阻值的电器元件时应把万用表的选择开关旋转至合适的电阻挡。

以上是用测量法查找及确定控制电路的故障点，对于主电路的故障点，结合图 2-6 说明如下：

首先测量接触器电源端的 U12—V12、U12—W12 和 W12—V12 之间的电压。若均为 380V，说明 U12、V12 和 W12 三点至电源无故障，可进行第二步测量。否则，可再次测量 U11—V11、U11—W11、W11—V11 顺次至 L1—L2、L2—L3、L3—L1，直到发现故障。

其次断开主电路电源，用万用表的电阻挡（一般选 $R×10$ 以上挡位）测量接触器负载端 U13—V13、U13—W13 和 W13—V13 之间的电阻，若电阻均较小（电动机定子绕组的直流电阻），说明 U13、V13 和 W13 三点至电动机无故障，可判断接触器主触点有故障。否则，可再次测量 U—V、U—W 和 W—V 到电动机接线端子处，直到发现故障。

在实际维修工作中，出现的故障不是千篇一律的，即使同一种故障现象，发生的部位也不一定相同。因此，采用以上介绍的方法时，不能生搬硬套，要在认真分析电路原理图的基础上，按不同的情况灵活运用，妥善处理。

### 实训 2-2　连续与点动混合正转控制电路安装与调试

#### 1. 工具、仪表及器材

（1）工具　常用电工工具一套，压线钳一把，剥线钳一把。

（2）仪表　MF47 型指针式万用表或数字式万用表一只。

（3）器材　参照表 2-3 选配工具、仪表和器材，并检测质量是否合格。

表 2-3　主要工具、仪表及器材

| 序号 | 名称 | 型号 | 规　格 | 数量 |
| --- | --- | --- | --- | --- |
| 1 | 三相笼型异步电动机 | Y112M—4 | 4kW、380V、8.8A、Y联结、1440r/min | 1 |
| 2 | 低压断路器 | DZ47—63 | 三极、380V、额定电流 20A | 1 |
| 3 | 熔断器 | RT28—32 | 500V、60A、配熔体 20A | 3 |
| 4 | 熔断器 | RT28—32 | 500V、60A、配熔体 4A | 2 |
| 5 | 交流接触器 | CJX1—9/22 | 20A、线圈电压 380V | 1 |
| 6 | 热继电器 | JR36—20 | 三极、整定电流 9.6A | 2 |
| 7 | 按钮 | LA4—3H | 保护式、380V、5A | 1 |
| 8 | 端子板 | TB1510L |  | 1 |
| 9 | 网孔板 |  | 800mm×800mm | 1 |
| 10 | 网孔板卡扣 |  | 电工实训网孔板专用塑料卡扣（蓝色） | 若干 |
| 11 | 线槽 |  | 40mm×60mm 蓝色或灰色 | 若干 |
| 12 | 木螺钉 |  | $\phi$3mm×20mm；$\phi$3mm×20mm | 若干 |
| 13 | 导轨 |  | 35mm×100mm | 若干 |
| 14 | 主电路导线 |  | BVR1.5mm² （黑色） | 若干 |
| 15 | 控制电路导线 |  | BV1mm² （红色） | 若干 |
| 16 | 按钮线 |  | BVR0.75mm² （红色） | 若干 |
| 17 | 接地线 |  | BVR1.5mm² （黄绿双色） | 若干 |
| 18 | 电动机引线 |  | 500mm×400mm×20mm | 若干 |
| 19 | 冷压端子 |  | PTV1.25—13 针式；SV1.25—3 欧式 U 形 | 若干 |

## 2. 实训过程

（1）安装连续与点动混合正转控制电路　根据电动机基本控制电路的一般安装步骤，参照实训2-1中的工艺要求和注意事项，完成图2-6b所示控制电路的安装训练。

通电试运行停送电步骤如下：

① 接线。先接保护接地线（按电动机地线、配电板地线和电源台地线的顺序），再接电动机线，最后接电源线（先接端子侧，再接电源侧）。

② 送电、验电。扣倒"有人工作，请勿合闸"的警示牌，合上电源开关，合上组合开关，验电（熔断器负载侧）。

③ 试车。按下起动按钮SB3观察点动运行，按下起动按钮SB1观察连续运行，按下停止按钮SB2。

④ 断电、验电。断开组合开关，断开电源开关，竖起"有人工作，请勿合闸"的警示牌，验电（接线端子电源线位置）。

⑤ 拆线。先拆电源线（先拆电源侧，再拆端子侧），再拆电动机线，最后拆保护接地线（按电源台地线、配电板地线和电动机地线的顺序拆除）。

（2）故障检修

1）故障设置。在图2-6b所示线路的主电路和控制电路中，设置电气故障各一处。

2）故障检修步骤和方法。通电检查时，除去出现主电路断相运行的现象，一般先查控制电路，后查主电路。步骤和方法见表2-4。

表2-4　故障检修步骤和方法

| 检修步骤 | 检修方法 | |
| --- | --- | --- |
| | 控制电路 | 主电路 |
| ① 用试验法观察故障现象 | 合上QF，按下SB1或SB3时，KM均不吸合 | 合上QF，按下SB1或SB3时，M转速极低甚至不转，并发出"嗡嗡"声，此时，应立即切断电源 |
| ② 用逻辑分析法判定故障范围 | 由KM不吸合，分析电路图，初步确定故障点可能在控制电路的公共支路上 | 根据故障现象，分析线路，判定故障范围可能在电源电路和主电路上 |
| ③ 用测量法确定故障点 | 用电压测量法找到故障点为控制电路上FR常闭触点已分断 | 断开QF，用验电器检验主电路无电后，拆除M的负载线并恢复绝缘。再合上QF，按下SB1，用验电器从上至下依次测试各接点，查得W13段的导线开路 |
| ④ 根据故障点的情况，采取正确的检修方法排除故障 | 故障点是模拟M断相运行，导致FR常闭触点分断，故按下FR复位按钮后，控制电路即正常 | 重新接好W13处的连接点，或更换同规格的连接接触器输出端W13与热继电器受电端W13的导线 |
| ⑤ 检修完毕通电试运行 | 切断电源重新连好M的负载线，在教师同意并监护下，合上QF，按下SB1或SB3，观察和检测线路与电动机的运行情况，检验合格后电动机正常运行 | |

（3）检修注意事项

1）在排除故障的过程中，分析思路和排除方法要正确。

2）用验电器检测故障时，必须检查验电器是否符合使用要求。

3）不能随意更改线路或带电触摸电器元件。

4)仪表使用要正确,以避免引起错误判断。

5)带电检修故障时,必须有教师在现场监护,并确保用电安全。

6)排除故障必须在规定的时间内完成。

### 3. 职业素养

1)"7S"是整理、整顿、清扫、清洁、素养、安全和节约,"7S"职业素养进课堂、进实训场地。

2)实训课前,准备好电工工具、学习资料,穿工装、绝缘鞋列队进入实训场地。

3)实训期间,按照岗位操作标准和安全操作规范进行实训操作练习,节约实训耗材。

4)实训结束,收好工具、仪器仪表,整理实训台,清理现场,做好维修记录。

### 4. 评分标准

评分标准见表2-5。

表2-5 评分标准

| 项目内容 | 配分 | 评分标准 | | 扣分 |
| --- | --- | --- | --- | --- |
| 安装布线 | 30分 | (1)电器布置不合理 | 扣5分 | |
| | | (2)电器元件安装不牢固 | 每只扣4分 | |
| | | (3)电器元件安装不整齐,不匀称,不合理 | 扣5分 | |
| | | (4)损坏电器元件 | 扣15分 | |
| | | (5)不按电路图接线 | 扣15分 | |
| | | (6)布线不符合要求 | 每根扣3分 | |
| | | (7)接点松动,露铜过长,反圈等 | 每个扣1分 | |
| | | (8)损伤导线绝缘层或线芯 | 每根扣5分 | |
| | | (9)漏装或套错编码套管 | 每个扣1分 | |
| | | (10)漏接接地线 | 扣10分 | |
| 故障分析 | 20分 | (1)故障分析、排除故障思路不正确 | 每个扣5分 | |
| | | (2)标错电路故障范围 | 每个扣5分 | |
| 排除故障 | 30分 | (1)停电不验电 | 扣5分 | |
| | | (2)工具及仪表使用不当 | 每次扣4分 | |
| | | (3)排除故障的顺序不对 | 扣5~10分 | |
| | | (4)不能查出故障点 | 每个扣10分 | |
| | | (5)查出故障点,但不能排除 | 每个故障扣5分 | |
| | | (6)产生新的故障: 不能排除 | 每个扣20分 | |
| | | 已经排除 | 每个扣10分 | |
| | | (7)损坏电动机 | 扣20分 | |
| | | (8)损坏电器元件,或排除故障方法不正确 | 每只(次)扣5~20分 | |

（续）

| 项目内容 | 配分 | 评分标准 | | 扣分 |
|---|---|---|---|---|
| 通电试运行 | 20 分 | （1）热继电器未整定或整定错误 | 扣 10 分 | |
| | | （2）熔体规格选用不当 | 扣 5 分 | |
| | | （3）第一次试运行不成功 | 扣 10 分 | |
| | | （4）第二次试运行不成功 | 扣 15 分 | |
| | | （5）第三次试运行不成功 | 扣 20 分 | |
| 安全文明生产 | | 违反安全文明生产规程 | 扣 10~70 分 | |
| 定额时间 | 3h，训练不允许超时，在修复故障过程中才允许超时，每超 10min 扣 5 分 | | | |
| 备注 | 除定额时间外，各项内容的最高扣分不得超过配分数 | | 成绩 | |
| 开始时间 | | 结束时间 | 实际时间 | |

# 任务 3　三相异步电动机顺序控制电路分析

## ➢ 知识目标

1）熟知顺序控制电路的构成及工作原理。
2）能正确识读顺序控制电路的电气原理图。

## ➢ 技能目标

1）能正确编写安装步骤和工艺要求，并进行正确安装。
2）能正确选用安装和检修所用的工具、仪表及器材。
3）熟悉线路故障检修的一般步骤和方法，并能进行正确调试和检修。

## ➢ 培养目标

1）培养学生的职业素养以及职业道德，培养学生按 7S（整理、整顿、清扫、清洁、素养、安全和节约）标准工作的良好习惯。
2）培养学生具备善于观察，主动学习，能够分析问题，解决问题的能力，学会获取新知识、新技能的学习能力。
3）学生的团队合作能力，专业技术交流的表达能力。
4）具备"7S"的能力和意识。

生产机械上通常装有多台电动机，而且各电动机所起的作用是不同的，为保证操作的合理性和工作的安全可靠性，我们有时需按照一定的顺序起动或停止电动机。如 X6132 型万能铣床，要求主轴电动机起动后，进给电动机才能起动；M7120 型平面磨床则要求砂轮电动机起动后，冷却泵电动机才能起动。

要求几台电动机按一定的先后顺序完成起动或停止的控制方式，叫作电动机的顺序控制。常用的顺序控制线路有主电路实现顺序控制和控制电路实现顺序控制。

图 2-10 所示控制线路中的两台电动机能否同时起动运转？为什么？该线路能满足何种控制要求？

## 一、主电路实现顺序控制

图 2-10 所示是主电路实现电动机顺序控制电路。该电路的特点是电动机 M2 的主电路接在 KM（或 KM1）主触点的下面。

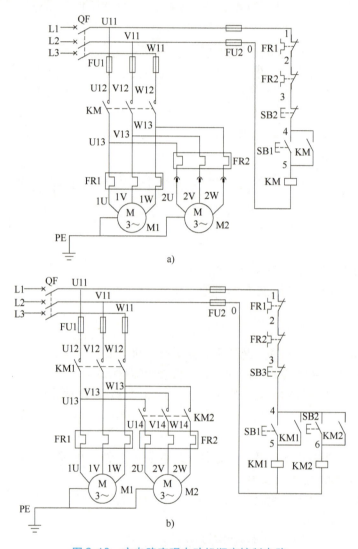

图 2-10　主电路实现电动机顺序控制电路
a）通过接插器实现顺序控制　b）通过接触器实现顺序控制

在图 2-10a 所示控制电路中，电动机 M2 通过接插器 X 接在接触器 KM 主触点的下面，因此，只有当 KM 主触点闭合，电动机 M1 起动运转后，电动机 M2 才可能接通电源运转。M7120 型平面磨床的砂轮电动机和冷却泵电动机就采用了这种顺序控制电路。

在图 2-10b 所示控制电路中，电动机 M1 和 M2 分别通过接触器 KM1 和 KM2 来控制，接触器 KM2 的主触点接在接触器 KM1 主触点的下面，这样就保证了当 KM1 主触点闭合，电动机 M1 起动运转后，电动机 M2 才可能接通电源运转，即 M1 起动后 M2 才能起动。

如图 2-10b 所示，合上电源开关 QF，线路的工作原理如下：

**1. M1、M2 顺序起动**

**2. M1、M2 同时停转**

按下SB3 ⟶ 控制电路失电 ⟶ KM1、KM2主触点分断 ⟶ M1、M2同时停转

## 二、控制电路实现顺序控制

图 2-11 所示为几种控制电路实现电动机顺序控制电路。

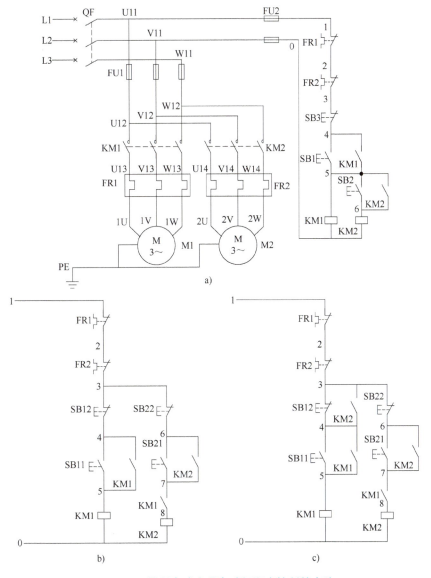

图 2-11 控制电路实现电动机顺序控制的电路

a）情况一　b）情况二　c）情况三

### 1. 第 1 种情况

图 2-11a 所示控制电路的特点是：电动机 M2 的控制电路与接触器 KM1 的线圈并接，再与 KM1 的自锁触点串接，保证了只有当 M1 起动后，M2 控制电路 KM2 线圈才能得电起动电动机。

合上电源开关 QF，电路的工作原理如下：

（1）M1、M2 顺序起动

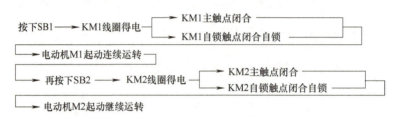

（2）M1、M2 同时停转

按下SB3 ——→ 控制电路失电 ——→ KM1、KM2 主触点分断 ——→ M1、M2 同时停转

### 2. 第 2 种情况

图 2-11b 所示控制电路的特点是：将接触器 KM1 的辅助常开触点串接在电动机 M2 的控制电路中。只要 M1 不起动，即使按下 SB21，由于 KM1 的辅助常开触点处于断开状态，KM2 线圈也不能得电起动，这样就实现了 M1 起动后，M2 才能起动的控制要求。同时，线路中停止按钮 SB12 可控制两台电动机同时停止，而 SB22 单独控制 M2 停止。

合上电源开关 QF，线路的工作原理为：

（1）M1、M2 顺序起动

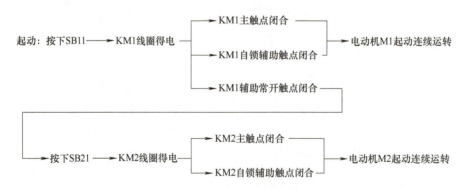

（2）M1、M2 同时停转

按下SB12 ——→ KM1 线圈失电 ——→ KM1 主触点分断 ——→ 电动机M1停转
　　　　　　→ KM2 线圈失电 ——→ KM2 主触点分断 ——→ 电动机M2停转

（3）M2 独自停转

按下SB22 ——→ KM2 线圈失电 ——→ KM2 主触点分断 ——→ 电动机M2停转

### 3. 第 3 种情况

图 2-11c 所示控制电路是在图 2-11b 所示控制线路的基础上进一步优化设计，在停止按钮 SB12 的两端并接了接触器 KM2 的辅助常开触点，既实现了 M1 起动后 M2 才能起动，又实现了 M2 停止后 M1 才能停止的控制，即 M1、M2 是顺序起动，逆序停止。

合上电源开关 QF，电路的工作原理为：

（1）M1、M2 顺序起动

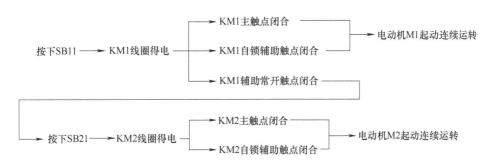

（2）M2 先停转，M1 后停转

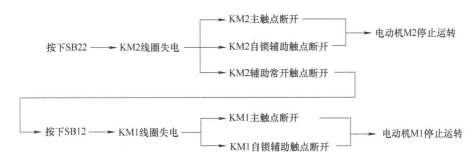

【应用实例】 图 2-12 所示为三条传送带运输机的工作示意图。电气控制要求如下：

1）起动顺序为 1 号、2 号和 3 号，即顺序起动，以防止货物在传送带上堆积。

2）停止顺序为 3 号、2 号和 1 号，即逆序停止，以保证停机后传送带上不残存货物。

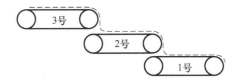

图 2-12 三条传送带运输机的工作示意图

3）当 1 号或 2 号出现故障停止时，3 号能随即停止，以免继续进料。

三条传送带运输机顺序起动、逆序停止控制电路如图 2-13 所示。三台电动机都用熔断器和热继电器作短路和过载保护，三台中任何一台出现过载故障，三台电动机都会停机。

该电路的工作原理如下：

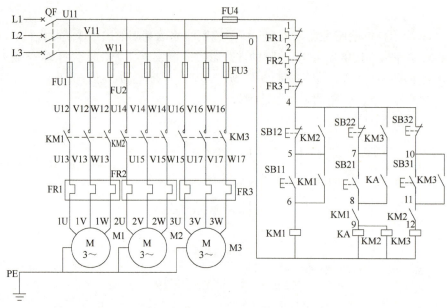

图 2-13　三条传送带运输机控制电路

1）M1、M2 和 M3 依次起动：

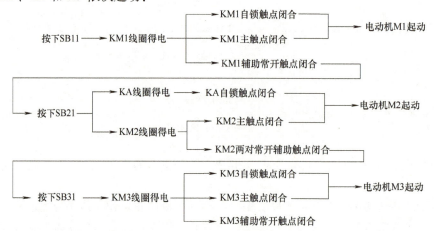

2）M3、M2 和 M1 依次逆序停止：

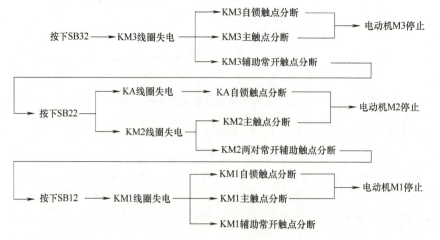

## 实训2-3 两台电动机顺序起动逆序停止控制电路安装与调试

### 1. 工具、仪表及器材

（1）工具　常用电工工具一套，压线钳一把，剥线钳一把。

（2）仪表　MF47型指针式万用表或数字式万用表一只。

（3）器材　参照表2-6选配工具、仪表和器材，并检测质量是否合格。

表2-6　主要工具、仪表及器材

| 序号 | 名称 | 型号 | 规格 | 数量 |
|---|---|---|---|---|
| 1 | 三相笼型异步电动机 | Y112M—4 | 4kW、380V、8.8A、△联结、1440r/min | 1 |
| 2 | 三相笼型异步电动机 | Y100L1—4Y | 4kW、380V、5A、丫联结、1440r/min | 1 |
| 3 | 低压断路器 | DZ47—63 | 三极、380V、额定电流20A | 1 |
| 4 | 熔断器 | RT28—32 | 500V、60A、配熔体20A | 3 |
| 5 | 熔断器 | RT28—32 | 500V、60A、配熔体4A | 2 |
| 6 | 交流接触器 | CJX1—9/22 | 20A、线圈电压380V | 1 |
| 7 | 热继电器 | JR36—20 | 三极、整定电流9.6A | 2 |
| 8 | 按钮 | LA4—3H | 保护式、380V、5A | 2 |
| 9 | 端子板 | TB1510L |  | 1 |
| 10 | 网孔板 |  | 800mm×800mm | 1 |
| 11 | 网孔板卡扣 |  | 电工实训网孔板专用塑料卡扣（蓝色） | 若干 |
| 12 | 线槽 |  | 40mm×60mm（蓝色或灰色） | 若干 |
| 13 | 木螺钉 |  | $\phi$3mm×20mm；$\phi$3mm×20mm | 若干 |
| 14 | 导轨 |  | 35mm×100mm | 若干 |
| 15 | 主电路导线 |  | BVR1.5mm² （黑色） | 若干 |
| 16 | 控制电路导线 |  | BV1mm² （红色） | 若干 |
| 17 | 按钮线 |  | BVR0.75mm² （红色） | 若干 |
| 18 | 接地线 |  | BVR1.5mm² （黄绿双色） | 若干 |
| 19 | 电动机引线 |  | 500mm×400mm×20mm | 若干 |
| 20 | 冷压端子 |  | PTV1.25—13针式；SV1.25—3欧式U形 | 若干 |

### 2. 实训过程

（1）安装步骤　参照实训2-1中的工艺要求进行安装。具体安装步骤为：

1）按表2-7配齐所用工具、仪表和器材，并检验电器元件的质量。

2）根据图2-11c所示电路图（主电路见图2-11a），画出布置图。

3）在控制板上按布置图安装走线槽和所有电器元件，并贴上醒目的文字符号。

4）在控制板上按图 2-11c 所示电路图进行板前线槽布线，并在导线端部套编码套管和冷压接线头。

5）安装电动机。

6）连接电动机和电器元件金属外壳的保护接地线。

7）连接控制板外部的导线。

（2）线路检测　接线完成后，先进行常规检查，对照原理图依次检查，重点检查按钮接线防止错接。用手拨动并仔细观察各接线端子处的接线，排除压线过松、挤压绝缘层等故障。在断电的情况下，用万用表电阻挡（$R\times 1$）检查。

1）主电路检测。将万用表置于欧姆挡，将其表笔分别放在 U11—U12、V11—V12、W11—W12、U11—1 和 V11—0 侧之间的接线端子上，读数应为零；再将表笔分别放在 U13—1U、V13—1V、W13—1W 及 U14—2U、V14—2V 和 W14—2W 之间的接线端子上，人为将接触器 KM1 及 KM2 吸合，此时万用表的读数应接近零。

2）控制电路检测。将两表笔放在 0—1 号线端子上。

① 按下 SB11 按钮，读数应为 KM 线圈的电阻值 $R_{KM}$，再按下 SB12 时万用表的读数应为∞。

② 按下 KM1 顶端黑钮不松时，读数应为 KM1 线圈的电阻值 $R_{KM}$，再按下 SB12 时万用表的读数应为∞。

③ 同时按下 SB21 按钮和 KM1 顶端黑钮不松，读数应为 KM2 线圈的电阻值 $R_{KM}$，再按下 SB22 时万用表的读数应为∞。

④ 同时按下 KM1 和 KM2 顶端黑钮不松时，读数应为 KM1、KM2 线圈并联后的电阻值约 $R_{KM}/2$，再按下 SB22 万用表的读数应为 $R_{KM}$。

（3）通电试运行　经上述检查无误后，检查三相电源电压，进行通电试运行。

通电时，必须经指导老师同意，并在现场监护。出现故障后学生应能够独立完成检修。

通电试运行完毕，停转，切断电源。先拆除三相电源线，再拆除电动机负载线。

通电试运行停送电步骤如下：

① 接线。先接保护接地线（按电动机地线、配电板地线和电源台地线的顺序），再接电动机线，最后接电源线（先接端子侧，再接电源侧）。

② 送电、验电。扣倒"有人工作，请勿合闸"的警示牌；合上电源开关，合上组合开关，验电（熔断器负载侧）。

③ 试运行。按下起动按钮 SB11、SB21，观察顺序起动；按下停止按钮 SB12、SB22，观察逆序停机。

④ 断电、验电。断开组合开关，断开电源开关，竖起"有人工作，请勿合闸"的警示牌，验电（接线端子电源线位置）。

⑤ 拆线。先拆电源线（先拆电源侧，再拆端子侧），再拆电动机线，最后拆保护接地线（按电源台地线、配电板地线、电动机地线先后顺序拆除）。

（4）注意事项

1）通电试运行前，应熟悉线路的操作顺序，即先合上电源开关 QF，然后按下 SB11 后，再按下 SB21 顺序起动，按下 SB22 后，再按下 SB12 逆序停止。

2）通电试运行时，注意观察电动机、电器元件及线路各部分工作是否正常。若发现异常情况，必须立即切断电源开关 QF，而不是按下 SB12，因为此时停止按钮 SB12 可能已失去作用。

### 3. 职业素养

1）"7S"是整理、整顿、清扫、清洁、素养、安全和节约，"7S"职业素养进课堂、进实训场地。
2）实训课前，准备好电工工具、学习资料，穿工装、绝缘鞋列队进入实训场地。
3）实训期间，按照岗位操作标准和安全操作规范进行实训操作练习，节约实训耗材。
4）实训结束，收好工具、仪器仪表，整理实训台，清理现场，做好维修记录。

### 4. 评分标准

评分标准见表2-7。

表2-7 评分标准

| 项目内容 | 配分 | 评分标准 | | 扣分 |
| --- | --- | --- | --- | --- |
| 装前检查 | 15分 | （1）电动机质量检查 | 每漏一处扣5分 | |
| | | （2）电器元件漏检或错检 | 每处扣1分 | |
| 安装布线 | 45分 | （1）电器布置不合理 | 扣5分 | |
| | | （2）电器元件安装不牢固 | 每只扣4分 | |
| | | （3）电器元件安装不整齐，不匀称，不合理 | 每只扣3分 | |
| | | （4）损坏电器元件 | 扣15分 | |
| | | （5）走线槽安装不符合要求 | 每处扣2分 | |
| | | （6）不按电路图接线 | 扣25分 | |
| | | （7）布线不符合要求 | 每根扣3分 | |
| | | （8）接点松动，露铜过长，压绝缘层，反圈等 | 每个扣1分 | |
| | | （9）损伤导线绝缘层或线芯 | 每根扣5分 | |
| | | （10）漏装或套错编码套管 | 每个扣1分 | |
| | | （11）漏接接地线 | 扣10分 | |
| 通电试运行 | 40分 | （1）热继电器未整定或整定错误 | 每只扣5分 | |
| | | （2）熔体规格选用不当 | 扣5分 | |
| | | （3）第一次试运行不成功 | 扣10分 | |
| | | （4）第二次试运行不成功 | 扣20分 | |
| | | （5）第三次试运行不成功 | 扣40分 | |
| 安全文明生产 | | （1）违反安全文明生产规程 | 扣10~40分 | |
| | | （2）乱线敷设 | 扣10分 | |
| 定额时间 | | 3h，每超时5min（不足5min以5min计） | 扣5分 | |
| 备注 | | 除定额时间外，各项内容的最高扣分不得超过配分数 | 成绩 | |
| 开始时间 | | 结束时间 | 实际时间 | |

# 项目3
# 三相异步电动机正反转控制电路

## 任务　三相异步电动机正反转控制电路分析

➢ **知识目标**

1）熟知各种正反转控制电路的构成及工作原理。
2）能正确识读正反转控制电路的原理图、接线图和布置图。

➢ **技能目标**

1）能正确编写安装步骤和工艺要求，并进行正确安装。
2）培养学生的识图能力。
3）培养学生综合分析电路的能力，能进行正确调试和检修。

➢ **培养目标**

1）培养学生的职业素养以及职业道德，培养学生按"7S"（整理、整顿、清扫、清洁、素养、安全和节约）标准工作的良好习惯。
2）培养学生具备善于观察，主动学习，能够分析问题、解决问题的能力，学会获取新知识、新技能的学习能力。
3）学生的团队合作能力，专业技术交流的表达能力。
4）具备"7S"的能力和意识。

在实际生产中，各种生产机械常常要求进行上、下、左、右、前和后等相反方向的运动。如机床工作台需要前进与后退，万能铣床的主轴需要正转与反转，起重机的吊钩需要上升与下降。要满足生产机械运动部件能向正反两个方向运动，就要求电动机能实现正反转控制。

由电动机的工作原理可知：当改变通入电动机定子绕组的三相电源相序，即把接入电动机三相电源进线中的任意两相对调接线时，电动机就可以实现反转了。

### 一、倒顺开关正反转控制电路

倒顺开关正反转控制电路如图3-1所示。万能铣床主轴电动机的正反转控制就是采用倒顺开关来实现的。

项目3 三相异步电动机正反转控制电路

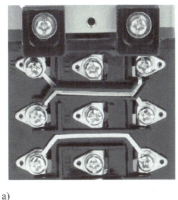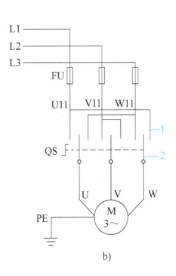

a)                                              b)

图 3-1 倒顺开关正反转控制电路

a) 倒顺开关    b) 倒顺开关正反转控制电路
1—静触点    2—动触点

该线路的工作原理：通过操作倒顺开关 QS，改变动、静触点的位置从而实现停、正转和反转三种操作。当操作手柄处于"停"位置时，动、静触点不接触，电路不通，电动机不转；当操作手柄处于"顺"位置时，动触点和左边的静触点相接触，电路按 L1—U、L2—V 和 L3—W 接通，电源正相序输入电动机定子绕组，电动机正转；当操作手柄处于"倒"位置时，动触点和右边的静触点相接触，电路按 L1—W、L2—V 和 L3—U 接通，输入电动机定子绕组的电源电压相序变为反相序，电动机反转。

**注意事项**：当电动机处于正转状态时，若要使它反转，应按照"正—停—反"或"反—停—正"顺序进行切换。切不可直接把手柄由"顺"扳至"倒"的位置，以免电动机的定子绕组被电源突然反接产生很大的反接电流，过热而损坏。

## 二、接触器联锁正反转控制电路

倒顺开关正反转控制电路的优点是使用的电器元件较少，线路比较简单，其缺点是一种手动控制电路，不适合频繁换向，操作安全性也比较差。这种线路一般用于控制额定电流 10A、功率在 4.5kW 及以下的小功率电动机。在实际生产中，更常用的是用按钮、接触器来控制电动机的正反转。

图 3-2 所示为接触器联锁正反转控制电路。线路中采用了两个接触器，接触器 KM1、KM2 分别控制正转和反转主电路通断，分别由正转按钮 SB1 和反转按钮 SB2 控制。在主电路中，两个接触器的主触点所接通的电源相序不同，KM1 按正相序（L1—L2—L3）接线，KM2 则按反相序（L3—L2—L1）接线。控制电路也有两条，一条是由按钮 SB1 和接触器 KM1 线圈等组成的正转控制电路，另一条是由按钮 SB2 和接触器 KM2 线圈等组成的反转控制电路。

视频8

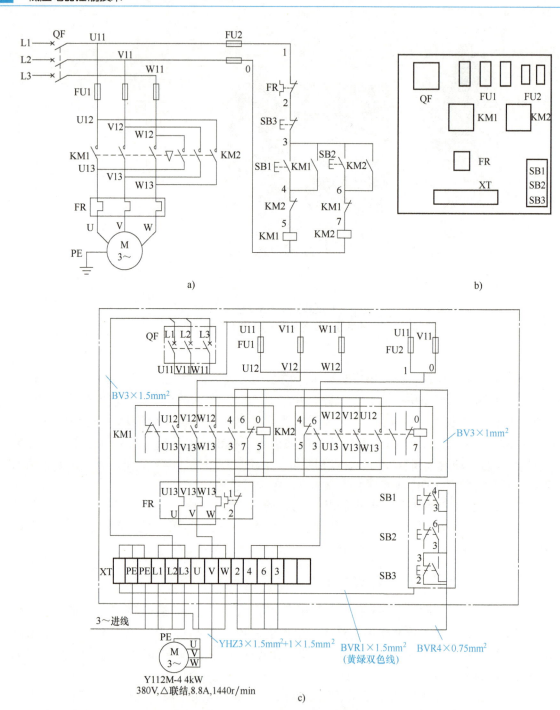

图 3-2 接触器联锁正反转控制电路
a) 电路图　b) 布置图　c) 接线图

## 1. 正转控制

## 2. 反转控制

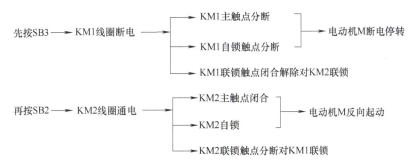

由线路分析可知，接触器 KM1 和 KM2 的主触点绝不允许同时闭合，否则将造成相间短路。为避免这一情况的出现，可在正、反转控制电路中分别串接对方接触器的一对辅助常闭触点。

当一个接触器得电动作时，通过其辅助常闭触点使另一个接触器不能得电动作，接触器之间这种相互制约的作用叫作接触器联锁（或互锁）。实现联锁作用的辅助常闭触点称为联锁触点（或互锁触点），联锁用符号"▽"表示。

接触器联锁正反转控制线路也存在缺点，即电动机从正转变为反转时，必须先按下停止按钮，才能按反转起动按钮，否则由于接触器的联锁作用，不能实现反转，操作不便。

## 三、按钮和接触器双重联锁正反转控制电路

为克服接触器联锁正反转控制电路的缺点，对该电路进行改良设计，可将正转起动按钮和反转起动按钮 SB1、SB2 换成两个复合按钮，并将两个复合按钮的常闭触点也串接在对方的控制电路中，构成相关制约关系，形成机械互锁。图 3-3 所示为按钮和接触器双重联锁正反转控制线路，克服了接触器联锁正反转控制线路的缺点，使线路安全可靠、操作方便。

该电路的工作原理如下：

### 1. 正转控制

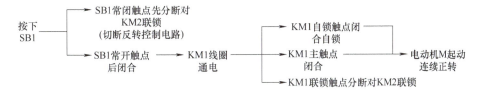

### 2. 反转控制

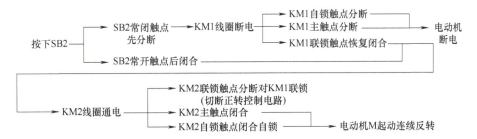

若要停止，按下 SB3，整个控制电路断电，主触点分断，电动机 M 失电停转。

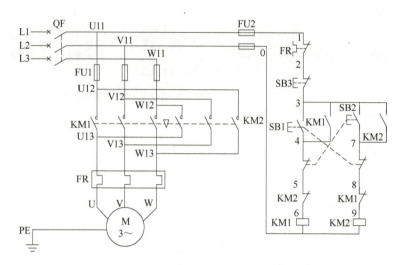

图 3-3　按钮和接触器双重联锁正反转控制电路

**例 3-1**　几种正反转控制电路如图 3-4 所示。试分析各电路能否正常工作？若不能正常工作，请找出原因，并改正过来。

**解**：图 3-4a 所示电路不能正常工作。其原因是联锁触点不能使用接触器自身的辅助常闭触点。这样不但起不到联锁作用，而且当按下起动按钮后，还会出现控制电路时通时断的现象。应把两对联锁触点换接。

图 3-4b 所示电路不能正常工作。其原因是联锁触点不能使用辅助常开触点。这样即使按下起动按钮，接触器也不能得电动作。应把联锁触点换接成辅助常闭触点。

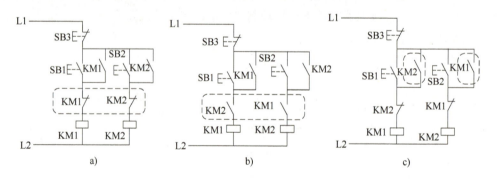

图 3-4　正反转控制电路

图 3-4c 所示电路只能实现点动反转控制，不能连续工作。其原因是自锁触点使用对方接触器的辅助常开触点起不到自锁作用。若要使线路能连续工作，应把两对自锁触点换接。

## 实训　三相异步电动机正反转控制电路安装与调试

### 1. 工具、仪表及器材

（1）工具　常用电工工具一套，压线钳一把，剥线钳一把。

（2）仪表　MF47 型指针式万用表或数字式万用表一只。

（3）器材　参照表 3-1 选配工具、仪表和器材，并检测质量是否合格。

## 项目3　三相异步电动机正反转控制电路

表 3-1　器材明细表

| 序号 | 名　　称 | 型号 | 规　　格 | 数量 |
|---|---|---|---|---|
| 1 | 三相笼型异步电动机 | Y112M—4 | 4kW、380V、8.8A、丫联结、1440r/min | 1 |
| 2 | 倒顺开关 | H23—13 | 三极、500V、10A | 1 |
| 3 | 低压断路器 | DZ47—63 | 三极、380V、额定电流 20A | 1 |
| 4 | 熔断器 | RT28—32 | 500V、60A、配熔体 20A | 1 |
| 5 | 熔断器 | RT28—32 | 500V、60A、配熔体 4A | 3 |
| 6 | 交流接触器 | CJX1—9/22 | 20A、线圈电压 380V | 2 |
| 7 | 热继电器 | JR36—20 | 三极、整定电流 9.6A | 2 |
| 8 | 按钮 | LA4—3H | 保护式、380V、5A | 1 |
| 9 | 端子板 | TB1510 |  | 1 |
| 10 | 网孔板 |  | 800mm×800mm | 1 |
| 11 | 网孔板卡扣 |  | 电工实训网孔板专用塑料卡扣（蓝色） | 若干 |
| 12 | 线槽 |  | 40mm×60mm 蓝色或灰色 | 若干 |
| 13 | 木螺钉 |  | $\phi$3mm×20mm；$\phi$3mm×20mm | 若干 |
| 14 | 导轨 |  | 35mm×100mm | 若干 |
| 15 | 主电路导线 |  | BV 1.5mm$^2$　（黑色） | 若干 |
| 16 | 控制电路导线 |  | BV 1mm$^2$　（红色） | 若干 |
| 17 | 按钮线 |  | BVR 0.75mm$^2$　（红色） | 若干 |
| 18 | 接地线 |  | BVR 1.5mm$^2$　（黄绿双色） | 若干 |
| 19 | 电动机引线 |  | 500mm×400mm×20mm | 若干 |
| 20 | 冷压端子 |  | PTV1.25—13 针式；SV1.25—3 欧式 U 形 | 若干 |

**2. 实训过程**

（1）安装与检修倒顺开关正反转控制电路

1）参照实训 2-1 安装步骤，熟悉其工艺要求，经指导教师审查合格后，开始安装训练。安装注意事项：

① 电动机和倒顺开关的金属外壳等必须可靠接地，而且必须将接地线接到倒顺开关指定的接地螺钉上，切忌接在开关的罩壳上。

② 倒顺开关的进出线接线切忌接错。接线时，应看清开关线端标记，保证标记为 L1、L2、L3 接电源，标记为 U、V、W 接电动机，否则会造成两相电源短路。

③ 倒顺开关的操作顺序要正确。

④ 若作为临时性装置安装，可移动的引线必须完整无损，不得有接头，引线的长度一般不超过 2m。

⑤ 与垂直面的倾斜度不超过 ±5°，且无明显振动、冲击和摇晃的地方。

倒顺开关正反转控制电路常见故障及维修见表 3-2。

表 3-2 倒顺开关正反转控制电路常见故障及维修

| 故障现象 | 原因分析 | 检查方法 |
|---|---|---|
| （1）"倒"和"顺"电动机均不起动<br>（2）电动机断相 | （1）熔断器熔体熔断<br>（2）倒顺开关操作失控<br>（3）倒顺开关动、静触点接触不良<br>（4）电动机故障（绕组断路）<br>（5）连接导线断路 | 按下列顺序排除故障：<br>（1）查看有没有装熔丝<br>（2）查看熔丝是否熔断<br>（3）检查熔断器的连接导线是否有松脱、断裂<br>（4）用验电器检查熔断器 FU 的上下端头是否有电<br>（5）若有电，断开电源，拆掉电动机，用万用表的电阻挡检查倒顺开关的好坏 |

2）线路检测。接线完成后，先进行常规检查，对照原理图依次检查。重点检查按钮接线防止错接。用手拨动并仔细观察各接线端子处接线，排除压线过松、挤压绝缘层等故障。在断电的情况下，用万用表电阻挡（$R \times 1$）检查。

将万用表置于欧姆挡，倒顺开关手柄置于"顺"位置，表笔分别放在 U11—U、V11—V 和 W11—W 侧之间的接线端子上，读数应为零；倒顺开关手柄置于"倒"位置，表笔分别放在 U11—W、V11—V 和 W11—U 侧之间的接线端子上，读数应为零；倒顺开关手柄置于"停"位置，表笔分别放在 U11—U、V11—V 和 W11—W 侧之间的接线端子上，读数应为 ∞。

3）通电试运行。经上述检查无误后，检查三相电源电压，进行通电试运行。

通电时，必须经指导老师同意，并在现场监护。出现故障后学生应独立进行检修。

通电试运行完毕，停转，切断电源。先拆除三相电源线，再拆除电动机负载线。

（2）安装接触器联锁正反转控制电路

1）安装步骤。参照实训 2-1 编写的安装步骤，并熟悉安装工艺要求。经教师检查同意后，根据图 3-2 所示电气图完成接触器联锁正反转控制电路的安装。安装完成后的控制电路板如图 3-5 所示。安装注意事项：

① 接触器联锁触点接线必须正确，否则将会造成主电路中两相电源短路事故。

② 训练过程应在规定的定额时间内完成，同时要做到安全操作和文明生产。训练结束后，安装的控制板留用。

图 3-5 接触器联锁正反转控制电路板

2）线路检测。接线完成后，先进行常规检查，对照原理图依次检查。重点检查按钮接线防止错接。用手拨动并仔细观察各接线端子处接线，排除压线过松、挤压绝缘层等故障。在断电的情况下，用万用表电阻挡检查。

① 主电路检测。将万用表置于欧姆挡，将其表笔分别放在 U11—U12、V11—V12、W11—W12、U11—1 和 V11—0 侧之间的接线端子上，读数应为零；再将表笔分别放在 U12—U、V12—V 和 W12—W 之间的接线端子上，人为将接触器 KM 吸合，此时万用表的读数应接近零。

② 控制电路检测。使用万用表检测选用（$R \times 1k$ 挡），将两表笔分别放在 0—1 号线。

a. 正转电路检测：KM1 控制电路的检测，按住 SB1（或人工吸合 KM1），万用表指针指示 $R$，再同时按下 SB3，指针由指 $R$ 变为指 $\infty$。按住 SB1（或人工吸合 KM1），万用表指针指示 $R$，再分别轻按 SB2，指针由指 $R$ 变为指 $\infty$。

b. 反转电路检测：KM2 控制电路的检测，按住 SB2（或人工吸合 KM2），万用表指针指示 $R$，再同时按下 SB3，指针由指 $R$ 变为指 $\infty$。按住 SB2（或人工吸合 KM2），万用表指针指示 $R$，再分别轻按 SB1，指针由指 $R$ 变为指 $\infty$。

3）通电试运行。经上述检查无误后，检查三相电源电压；进行通电试运行。通电时，必须经指导老师同意，并在现场监护。出现故障后学生应独立进行检修。

通电试运行时，应先合上 QF，再按下 SB1（或 SB2）及 SB3，看控制是否正常，并在按下 SB1 后再按下 SB2，观察有无联锁作用。

通电试运行完毕，停转，切断电源。先拆除三相电源线，再拆除电动机负载线。

通电试运行停送电步骤如下：

① 接线。先接保护接地线（按电动机地线、配电板地线、电源台地线的顺序），再接电动机线，最后接电源线（先接端子侧，再接电源侧）。

② 送电、验电。扣倒"有人工作，请勿合闸"的警示牌，合上电源开关，合上组合开关，验电（熔断器负载侧）。

③ 试运行。按下起动按钮，按下停止按钮。

④ 断电、验电。断开组合开关，断开电源开关，竖起"有人工作，请勿合闸"的警示牌，验电（接线端子电源线位置）。

⑤ 拆线。先拆电源线（先拆电源侧，再拆端子侧），再拆电动机线，最后拆保护接地线（按电源台地线、配电板地线、电动机地线的顺序拆除）。

（3）安装双重联锁正反转控制电路

1）根据图 3-3 所示的电路图，参照图 3-2c 改画出双重联锁正反转控制电路的接线图。

2）根据双重联锁正反转控制电路的电路图和接线图，将安装好的接触器联锁正反转控制电路板改装成双重联锁正反转控制电路板。通电试运行时，注意体会该线路可实现正反转直接切换的优点。

3）线路检测。接线完成后，先进行常规检查，对照原理图依次检查。重点检查按钮接线防止错接。用手拨动并仔细观察各接线端子处接线，排除压线过松、挤压绝缘层等故障。在断电的情况下，用万用表电阻挡检查。

① 主电路检测。将万用表置于欧姆挡，将其表笔分别放在 U11—U12、V11—V12、W11—W12、U11—1 和 V11—0 侧之间的接线端子上，读数应为零；再将表笔分别放在

U12—U、V12—V 和 W12—W 之间的接线端子上，人为将接触器 KM 吸合，此时万用表的读数应接近零。

② 控制电路检测。使用万用表检测选用（$R×1k$），将两表笔分别放在 0—1 号线。

a. 正转电路检测：

KM1 控制电路的检测，按住 SB1（或人工吸合 KM1），万用表指针指示 $R$，再同时按下 SB3，指针由指 $R$ 变为指 $\infty$。按住 SB1（或人工吸合 KM1），万用表指针指示 $R$，再分别轻按 SB2 或人工吸合 KM2，指针由指 $R$ 变为指 $\infty$。

b. 反转电路检测：KM2 控制电路的检测，按住 SB2（或人工吸合 KM2），万用表指针指 $R$，再同时按下 SB3，指针由指 $R$ 变为指 $\infty$。按住 SB2（或人工吸合 KM2），万用表指针指 $R$，再分别轻按 SB1 或人工吸合 KM1，指针由指 $R$ 变为指 $\infty$。

（4）检修双重联锁正反转控制电路

① 故障设置。在控制电路或主电路中人为设置两处电气故障。

② 教师示范检修。教师进行示范检修时，通过试验来观察故障现象，依据电路原理图采用逻辑分析法初步确定故障范围，最终使用仪表测量法准确找出故障点直至故障排除，试运行成功。

③ 学生检修。指导教师设置故障点两处，让学生进行检修。在学生检修的过程中，教师可进行指导。

### 3. 职业素养

1）"7S"是整理、整顿、清扫、清洁、素养、安全和节约，"7S"职业素养进课堂、进实训场地。

2）实训课前，准备好电工工具、学习资料，穿工装、绝缘鞋列队进入实训场地。

3）实训期间，按照岗位操作标准和安全操作规范进行实训操作练习，节约实训耗材。

4）实训结束，收好工具、仪器仪表，整理实训台，清理现场，做好维修记录。

### 4. 评分标准

评分标准见表3-3。

表3-3 评分标准

| 项目内容 | 配分 | 评分标准 | | 扣分 |
| --- | --- | --- | --- | --- |
| 选用工具、仪表及器材 | 15分 | （1）工具、仪表少选或错选 | 每个扣2分 | |
| | | （2）电器元件选错型号和规格 | 每个扣4分 | |
| | | （3）选错电器元件数量或型号规格没有写全 | 每个扣2分 | |
| 装前检查 | 5分 | 电器元件漏检或错检 | 每处扣1分 | |
| 安装布线 | 30分 | （1）电动机安装不符合要求 | 扣15分 | |
| | | （2）控制板安装不符合要求 | | |
| | | 1）电器元件布置不合理 | 扣5分 | |
| | | 2）电器元件安装不牢固 | 每只扣4分 | |
| | | 3）电器元件安装不整齐、不匀称、不合理 | 每只扣3分 | |

（续）

| 项目内容 | 配分 | 评分标准 | | 扣分 |
|---|---|---|---|---|
| 安装布线 | 30分 | 4）损坏电器元件 | 扣15分 | |
| | | 5）不按电路图接线 | 扣15分 | |
| | | 6）布线不符合要求 | 每根扣3分 | |
| | | 7）接点松动、露铜过长、反圈等 | 每个扣1分 | |
| | | 8）损伤导线绝缘层或线芯 | 每根扣5分 | |
| | | 9）漏装或套错编码套管 | 每个扣1分 | |
| | | 10）漏接接地线 | 扣10分 | |
| 故障分析 | 10分 | （1）故障分析、排除故障思路不正确 | 每个扣5~10分 | |
| | | （2）标错电路故障范围 | 每个扣5分 | |
| 排除故障 | 20分 | （1）停电不验电 | 扣5分 | |
| | | （2）工具及仪表使用不当 | 扣5分 | |
| | | （3）排除故障的顺序不对 | 扣5分 | |
| | | （4）不能查出故障点 | 每个扣10分 | |
| | | （5）查出故障点，但不能排除 | 每个故障扣5分 | |
| | | （6）产生新的故障： | | |
| | | 　　不能排除 | 每个扣10分 | |
| | | 　　已经排除 | 每个扣5分 | |
| | | （7）损坏电动机 | 扣20分 | |
| | | （8）损坏电器元件，或排除故障方法不正确 | 每只（次）扣5~20分 | |
| 通电试运行 | 20分 | （1）热继电器未整定或整定错误 | 扣10分 | |
| | | （2）熔体规格选用不当 | 扣5分 | |
| | | （3）第一次试运行不成功 | 扣10分 | |
| | | （4）第二次试运行不成功 | 扣15分 | |
| | | （5）第三次试运行不成功 | 扣20分 | |
| 安全文明生产 | | 违反安全文明生产规程 | 扣10~70分 | |
| 定额时间 | | 8h，训练不允许超时，在修复故障过程中才允许超时，每超1min扣5分 | | |
| 备注 | | 除定额时间外，各项内容的最高扣分不得超过配分数 | 成绩 | |
| 开始时间 | | 结束时间 | 实际时间 | |

## 5. 注意事项

① 认真听取和仔细观察指导教师在示范过程中的讲解和检修操作。
② 熟练掌握电路中各个环节的作用。
③ 在排除故障的过程中，分析思路和排除方法要正确。
④ 工具和仪表使用要正确。
⑤ 不能随意更改线路和带电触摸电器元件。
⑥ 带电检修故障时，必须有教师在现场监护，并要确保用电安全。

⑦ 检修必须在规定的时间内完成。

### 6. 常见故障现象及故障点

常见故障现象及故障点见表3-4。

表3-4 常见故障现象及故障点

| 故 障 现 象 | 故 障 点 |
|---|---|
| 按下 SB1 电动机不转，按下 SB2 电动机运转正常 | KM1 线圈断路或 SB1 损坏产生断路 |
| 按下 SB1 电动机正常运转，按下 SB2 电动机不反转 | KM2 线圈断路或 SB2 损坏产生断路 |
| 按下 SB1 不能停机 | SB1 熔焊 |
| 合上 QF 后，熔断器 FU1 熔断 | KM1 或 KM2 短路，电动机相间短路，正反转主电路换相线接错 |
| 合上 QF 后，熔断器 FU2 熔断 | KM1 或 KM2 线圈、触点短路 |
| 按下 SB1 后电动机正常运行，再按下 SB2，FU1 熔断 | 正反转主电路换相线接错 |

# 项目4
# 三相异步电动机带动工作台自动往返控制电路

## 任务1　认识常用低压电器——行程开关、接近开关

> 知识目标

1）熟知行程开关、接近开关的分类、功能、基本结构、工作原理及型号含义。
2）掌握行程开关、接近开关的图形符号和文字符号。

> 技能目标

1）正确识别、选择、安装、使用行程开关和接近开关。
2）正确拆装、检修、校验行程开关和接近开关。

> 培养目标

1）培养学生的职业素养以及职业道德，培养学生按"7S"（整理、整顿、清扫、清洁、素养、安全和节约）标准工作的良好习惯。
2）培养学生具备善于观察，主动学习，能够分析问题、解决问题的能力，学会获取新知识、新技能的学习能力。
3）学生的团队合作能力、专业技术交流的表达能力。
4）具备"7S"的能力和意识。

### 一、行程开关

#### 1. 行程开关的功能

行程开关利用生产机械运动部件的碰撞使其触点动作来实现接通或分断控制电路，达到一定的控制目的。通常情况下，这类开关被用来限制生产机械运动的位置或行程，使生产机械按一定位置或行程自动停止、反向运动、变速运动或自动往返运动等。

在实际生产中，将行程开关安装在预先安排的位置，当装于生产机械运动部件上的模块撞击行程开关时，行程开关的触点动作，实现电路的切换，使运动机械按一定的位置或行程实现自动停止、反向运动、变速运动或自动往返运动等。因此，行程开关是一种根据运动部件的行程位置切换电路的电器，其作用原理与按钮类似。

## 2. 行程开关的结构原理、符号及型号含义

机床中常用的行程开关有 LX19 和 JLXK1 等系列，各系列行程开关的基本结构大体相同，都是由操作机构、触点系统和外壳组成的，如图 4-1a 所示。行程开关在电路图中的图形符号如图 4-1c 所示。

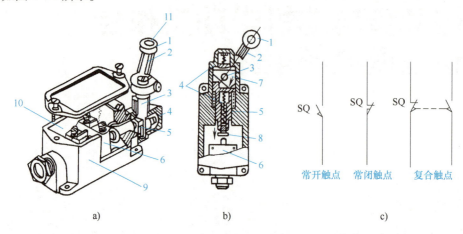

图 4-1　JLXK1 系列行程开关的结构和动作原理

a）结构　b）动作原理　c）图形符号

1—滚轮　2—杠杆　3—转轴　4—复位弹簧　5—撞块　6—微动开关
7—凸轮　8—调节螺钉　9—外壳　10—触头系统　11—操作系统

以某种行程开关元件为基础，装置不同的操作机构，可以得到各种不同形式的行程开关，常见的是按钮式（直动式）和旋转式（滚轮式）。JLXK1 系列行程开关的外形如图 4-2 所示，LX19 系列行程开关的外形与 JLXK1 系列的相似。

图 4-2　JLXK1 系列行程开关的外形

a）柱塞式　b）单轮旋转式　c）双轮旋转式

JLXK1 系列行程开关的动作原理如图 4-1b 所示。当运动部件的挡铁碰压行程开关的滚轮 1 时，杠杆 2 连同转轴 3 一起转动，使凸轮 7 推动撞块 5。当撞块被压到一定位置时，推动微动开关 6 快速动作，使其常闭触点断开，常开触点闭合。

行程开关的触点类型有一常开一常闭、二常开二常闭等形式。动作方式可分为瞬动式、蠕动式和交叉从动式三种。动作后的复位方式有自动复位和非自动复位两种。

LX19 系列和 JLXK1 系列行程开关的型号及含义如图 4-3、图 4-4 所示。

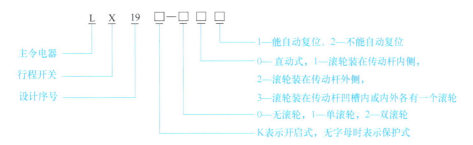

图 4-3　LX19 系列行程开关的型号及含义

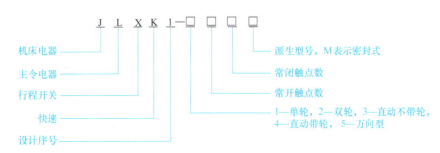

图 4-4　JLXK1 系列行程开关的型号及含义

## 3. 行程开关的选用

行程开关的主要参数是型式、工作行程、额定电压及触点的电流容量，在产品说明书中都有详细说明，主要根据动作要求、安装位置及触点数量进行选择。LX19 和 JLXK1 系列行程开关的主要技术数据见表 4-1。

表 4-1　LX19 和 JLXK1 系列行程开关的主要技术数据

| 型号 | 额定电压/V | 额定电流/A | 触点对数 常开 | 触点对数 常闭 | 结 构 形 式 | 工作行程 | 超行程 |
|---|---|---|---|---|---|---|---|
| LX19 | 交流380 直流220 | 5 | 1 | 1 | 元件 | 3mm | 1mm |
| LX19—111 | | | 1 | 1 | 无滚轮，仅用传动杆，能自复位 | <4mm | >3mm |
| LX19—121 | | | 1 | 1 | 单轮，滚轮装在传动杆内侧，能自动复位 | ≈30° | 20° |
| LX19—131 | | | 1 | 1 | 单轮，滚轮装在传动杆外侧，能自动复位 | ≈30° | ≈20° |
| LX19—212 | | | 1 | 1 | 单轮，滚轮装在传动杆凹槽内 | ≈30° | ≈20° |
| LX19—222 | | | 1 | 1 | 双轮，滚轮装在 U 形传动杆内侧，不能自动复位 | ≈30° | ≈15° |
| LX19—232 | | | 1 | 1 | 双轮，滚轮装在 U 形传动杆外侧，不能自动复位 | ≈30° | ≈15° |
| LX19—001 | | | 1 | 1 | 双轮，滚轮装在 U 形传动杆内外侧各一，不能自动复位 | ≈30° | ≈15° |

(续)

| 型号 | 额定电压/V | 额定电流/A | 触点对数 常开 | 触点对数 常闭 | 结构形式 | 工作行程 | 超行程 |
|---|---|---|---|---|---|---|---|
| JLXK1—111 | 交流500 | 5 | 1 | 1 | 单轮防护式 | 12°~15° | ≤30° |
| JLXK1—211 | 交流380 直流220 | 5 | 1 | 1 | 双轮防护式 | ≈45° | ≤45° |
| JLXK1—311 | | | 1 | 1 | 直动防护式 | 1~3mm | 2~4mm |
| JLXK1—411 | | | 1 | 1 | 直动滚轮防护式 | 1~3mm | 2~4mm |

**4. 行程开关的安装与使用**

1）安装行程开关时，其位置要准确，检查挡铁在行走到位时能否碰撞行程开关头，切不可碰撞行程开关中间或其他部位。安装要牢固，滚轮的方向不能装反，挡铁与其碰撞的位置应符合控制线路的要求。

2）行程开关在使用中，要定期检查和保养，除去油垢及粉尘，清理触点，经常检查其动作是否灵活、可靠，及时排除故障，防止因为行程开关触点接触不良或接线松脱产生误动作，导致设备和人身安全事故。

**5. 行程开关常见故障及处理方法**

行程开关的常见故障及处理方法见表4-2。

表4-2 行程开关的常见故障及处理方法

| 故障现象 | 可能原因 | 处理方法 |
|---|---|---|
| 挡铁碰撞行程开关后，触点不动作 | 触点弹簧失效 | 更换弹簧 |
| | 安装位置不准确 | 调整安装位置 |
| | 触点接触不良或接线松落 | 清刷触点或紧固接线 |
| 杠杆已经偏转，或无外界机械力作用，但触点不复位 | 内部撞块卡阻 | 清扫内部杂物 |
| | 复位弹簧失效 | 更换弹簧 |
| | 调节螺钉太长，顶住开关 | 检查并调整调节螺钉 |

**6. 接近开关**

接近开关如图4-5所示。

视频9

图4-5 接近开关
a）外形 b）图形符号

接近开关的产品有无源接近开关、涡流式接近开关、电容式接近开关、霍尔接近开关和光电式接近开关等,电源种类有交流型和直流型,按其外形可分为圆柱形、方形、沟形、穿孔(贯通)形和分离形。接近开关按工作原理分,有高频振荡型、感应电桥型、霍尔效应型、光电型、永磁及磁敏元件型、电容型和超声波型等多种类型。接近开关除了用于行程控制和限位保护外,还可用于尺寸控制、检测物体是否存在、转速与速度控制、计数及控制、检测异常、计量控制、识别对象和信息传送制及用作无触点按钮等。

接近开关的特点:接近开关与被测物不接触,不会产生机械磨损和疲劳损伤,工作寿命长、响应快、无触点、无火花、无噪声、防潮、防尘和防爆性能较好,输出信号负载能力强,体积小,安装、调整方便。缺点是触点容量较小,输出短路时易烧毁。

接近开关的主要性能指标:

1)动作(检测)距离:动作距离是指检测体按一定方式移动时,从基准位置(接近开关的感应表面)到开关动作时测得的基准位置到检测面的空间距离。额定动作距离是指接近开关动作距离的标称值。

2)设定距离:指接近开关在实际工作中的整定距离,一般为额定动作距离的0.8倍。被测物与接近开关之间的安装距离一般等于额定动作距离,以保证工作可靠。安装后还必须通过调试,然后加以紧固。

3)复位距离:接近开关动作后,再次复位时与被测物的距离略大于动作距离。

4)回差值:动作距离与复位距离之间的绝对值。回差值越大,对外界的干扰以及被测物的抖动等的抗干扰能力就越强。

工作原理:接近开关以一定的周期发送脉冲,脉冲信号像声音一样被反射回来,开关捕捉到回波并转换成一个输出信号。通过发射时间与接收到反射信号时间的比较,可以确定物体到开关的距离。选择使用接近开关时要注意避开接近开关的盲区。为保证接近开关正常工作,在盲区内不应该有任何物体。通常把接近开关刚好动作时感应头与检测之间的距离称为检测距离。当无检测物体时,对常开型接近开关而言,由于接近开关内部的输出晶体管截止,所接的负载不工作(失电);当检测到物体时,内部的输出晶体管导通,负载得电工作。对常闭型接近开关而言,当未检测到物体时,晶体管反而处于导通状态,负载得电工作;反之则负载失电。

接近开关的型号及含义如图4-6所示。

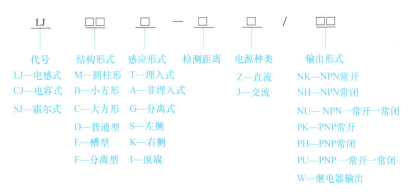

图4-6 接近开关的型号及含义

例如，CJM18T—5Z/NK 表示电容式接近开关；外形为圆柱形；感应形式为埋入式；电源种类为直流型，检测距离为5mm；输出形式为NPN常闭。

## 实训 4-1　行程开关的识别与检测

### 1. 工具、仪表及器材

（1）工具　常用电工工具一套。

（2）仪表　MF47型指针式万用表或数字式万用表一只。

（3）器材　JLXK1—311、JLXK1—211和JLXK1—111型行程开关各一只，如图4-7所示。

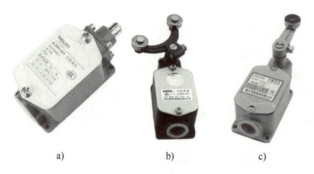

图4-7　行程开关

a）JLXK1—311型　b）JLXK1—211型　c）JLXK1—111型

### 2. 实训过程

（1）行程开关的识别训练

1）在教师指导下，仔细观察各种不同类型、规格的行程开关的外形和结构特点。

2）由指导教师从所给行程开关中任选五只，用胶布盖住其型号并编号，由学生根据实物写出其名称、型号规格及主要组成部分，填入表4-3中。

表4-3　行程开关的识别

| 序号 | 1 | 2 | 3 | 4 | 5 |
|---|---|---|---|---|---|
| 名称 |  |  |  |  |  |
| 型号规格 |  |  |  |  |  |
| 主要结构 |  |  |  |  |  |

（2）检测行程开关　拆开行程开关的外壳，观察其内部结构，比较按钮和行程开关的相似和不同之处，理解常开触点、常闭触点和复合触点的动作情况，用万用表的电阻挡测量各对触点之间的接触情况，分辨常开触点和常闭触点。

### 3. 职业素养

1）"7S"是整理、整顿、清扫、清洁、素养、安全和节约，"7S"职业素养进课堂、进实训场地。

2）实训课前，准备好电工工具、学习资料，穿工装、绝缘鞋列队进入实训场地。

3) 实训期间,按照岗位操作标准和安全操作规范进行实训操作练习,节约实训耗材。
4) 实训结束,收好工具、仪器仪表,整理实训台,清理现场,做好维修记录。

### 4. 评分标准

评分标准见表4-4。

表4-4 评分标准

| 项 目 | 配分 | 评分标准 | | 扣分 |
|---|---|---|---|---|
| 行程开关识别 | 50分 | (1) 写错或漏写名称 | 每只扣5分 | |
| | | (2) 写错或漏写型号 | 每只扣5分 | |
| | | (3) 漏写主要部件 | 每只扣5分 | |
| 检测 | 50分 | (1) 检查方法不正确 | 扣10分 | |
| | | (2) 测量结果不正确 | 扣10分 | |
| | | (3) 触点判别有误 | 每错一处扣5分 | |
| | | (4) 损伤仪器仪表 | 扣20分 | |
| | | (5) 不会检测 | 扣40分 | |
| 安全文明生产 | | 违反安全文明生产规程 | 扣5~40分 | |
| 定额时间 | | 45min,每超5min(不足5min,按5min计) | 扣5分 | |
| 备注 | | 除定额时间外,各项扣分不超配分 | 成绩 | |
| 开始时间 | | 结束时间 | 实际时间 | |

# 任务2 三相异步电动机带动工作台自动往返控制电路分析

## ➢ 知识目标

1) 掌握位置控制电路和自动往返控制线路的组成并能画出其控制电路图。
2) 掌握位置控制电路和自动往返控制电路的工作原理。

## ➢ 技能目标

1) 掌握位置控制电路和自动往返控制电路的接线方法。
2) 掌握位置控制电路和自动往返控制电路的接线及其检测方法。

## ➢ 培养目标

1) 培养学生的职业素养以及职业道德,培养学生按"7S"(整理、整顿、清扫、清洁、素养、安全和节约)标准工作的良好习惯。
2) 培养学生具备善于观察,主动学习,能够分析问题、解决问题的能力,学会获取新知识、新技能的学习能力。
3) 学生的团队合作能力、专业技术交流的表达能力。
4) 具备"7S"的能力和意识。

## 一、位置控制电路

图 4-8 所示为工厂车间里的行车常采用的位置控制电路,与接触器联锁正反转控制线路相比较,两者有什么不同?试分析该电路的工作原理。

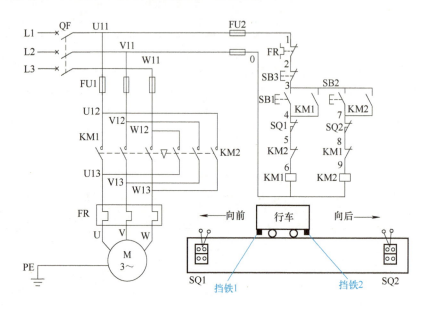

图 4-8 位置控制电路

在生产过程中,常遇到一些生产机械运动部件的行程或位置要受到限制,或者需要其运动部件在一定范围内自动往返循环等。实现这种控制要求所依靠的主要电器是行程开关(又称为位置开关),如在摇臂钻床、万能铣床、镗床、桥式起重机及各种自动或半自动控制的机床设备中就经常遇到这种控制要求。

图 4-8 右下角是行车运动示意图,在行车运行路线的两端终点处各安装一个行程开关 SQ1 和 SQ2,其常闭触点分别串接在正转控制电路和反转控制电路中。当安装在行车前后的挡铁 1 或挡铁 2 撞击行程开关的滚轮时,行程开关的常闭触点分断,切断控制电路,使行车自动停止。

利用生产机械运动部件上的挡铁与行程开关碰撞,使其触点动作来接通或断开电路,以实现对生产机械运动部件的位置或行程的自动控制的方法称为位置控制,又称为行程控制或限位控制。实现这种控制要求所依靠的主要电器是行程开关。

行车的行程和位置可通过移动行程开关的安装位置来调节。图 4-8 所示位置控制电路的工作原理可参照接触器联锁正反转控制电路进行分析。

**1. 行车向前运动**

按下 SB1,SB1 常开触点闭合,KM1 线圈得电,KM1 接触器主触点闭合,KM1 接触器自身的辅助常开触点闭合保持接触器长期吸合,KM1 接触器联锁触点分断对 KM2 联锁,电动机 M 起动连续正转运行,行车向前运动,移动至限位位置,挡铁 1 碰撞位置开关 SQ1,SQ1 常闭触点分断,KM1 接触器线圈失电,KM1 接触器自锁触点分断解除自锁,KM1 联锁触点恢复闭合解除联锁，主触点分断，电动机 M 失电停转，行车停止向前运动。此时即使再按下 SB1，由于 SQ1 常闭触点已分断，接触器 KM1 线圈也不会得电，保证了行车不会超过 SQ1 所在的位置。

### 2. 行车向后运动

按下 SB2，SB2 常开触点闭合，KM2 线圈得电吸合，KM2 接触器主触点闭合，KM2 接触器自身的辅助常开触点闭合保持接触器长期吸合，KM2 接触器联锁触点分断对 KM1 联锁，电动机 M 起动连续反转运行，行车向后运动，移动至限位位置，挡铁 2 碰撞位置开关 SQ2，SQ2 常闭触点分断，KM2 接触器线圈失电，KM2 接触器自锁触点分断解除自锁，KM2 联锁触点恢复闭合解除联锁，主触点分断，电动机 M 失电停转，行车停止向后运动。

停止时只需按下 SB3 即可。

## 二、工作台自动往返控制电路

当图 4-9 所示行车上的挡铁撞击行程开关使其停止向前运行后，再按下起动按钮 SB1，线路会不会接通使行车继续前进？为什么？

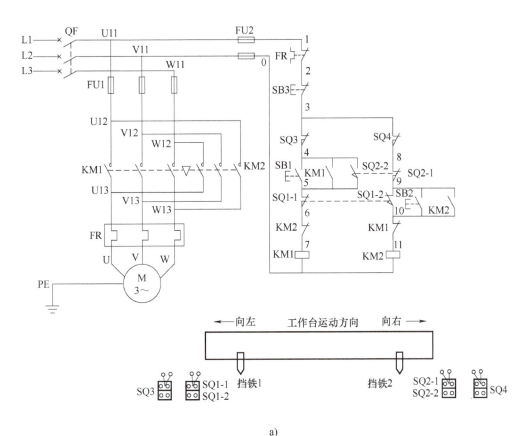

图 4-9　工作台自动往返控制电路
a）电路图

视频 10

b)

图 4-9 工作台自动往返控制电路（续）

b）布置图

合上电源开关 QF，电路的工作原理如下：

## 1. 自动往返运动

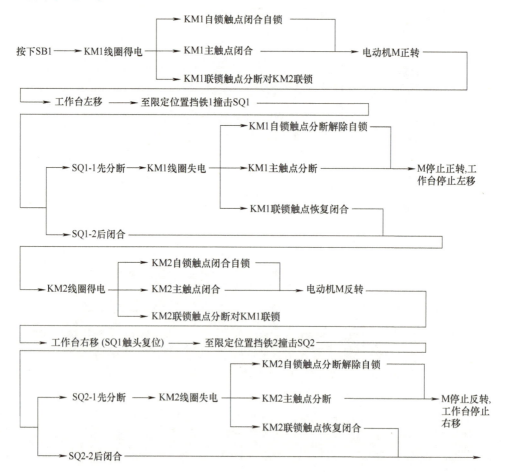

# 项目4 三相异步电动机带动工作台自动往返控制电路

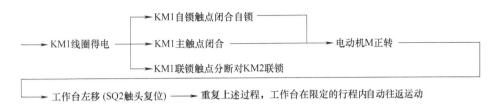

## 2. 停止

按下SB3 → 整个控制电路失电 → KM1（或KM2）主触点分断 → 电动机M失电停转

这里 SB1、SB2 分别作为正转起动按钮和反转起动按钮，若起动时工作台在左端，则应按下 SB2 进行起动。

## 实训 4-2 工作台自动往返控制电路安装与调试

### 1. 工具、仪表及器材

（1）工具  常用电工工具一套，压线钳一把，剥线钳一把。

（2）仪表  MF47 型指针式万用表或数字式万用表一只。

（3）器材  参照表 4-5 选配工具、仪表和器材，并检测质量是否合格。

表 4-5 器材明细

| 序号 | 名 称 | 型号与规格 | 数量 |
| --- | --- | --- | --- |
| 1 | 三相异步电动机 | Y112M—4，4kW，380V，8.8A | 1台 |
| 2 | 熔断器 | RT28—32，500V，配20A 和 4A 熔体 | 5只 |
| 3 | 低压断路器 | DZ47—63，380V，20A | 1只 |
| 4 | 交流接触器 | CJX1—9/22，线圈电压380V | 1只 |
| 5 | 热继电器 | JR36—20 或 NR4—63，整定电流9.6A | 1只 |
| 6 | 行程开关 | JLXK1—111 | 单轮旋转式 |
| 7 | 按钮 | LA4—3H 三位自复位式 | 1只 |
| 8 | 端子板 | TB1510L | 1条 |
| 9 | 网孔板 | 800mm×800mm | 1个 |
| 10 | 线槽 | 20mm×20mm（蓝色或灰色） | 若干 |
| 11 | 塑料软铜线 | BVR1.5mm²（黑色）；BVR1.0mm²（红色） | 若干 |
| 12 | 保护零线（PE） | BVR1.5mm²（黄绿双色） | 若干 |
| 13 | 线号管 | 自定 | 若干 |
| 14 | 导轨 | 35mm×100mm | 若干 |
| 15 | 冷压端子 | PTV1.25—13 针式；SV1.25—3 欧式 U 形 | 若干 |
| 16 | 扎带 | 150mm | 若干 |
| 17 | 木螺钉 | φ3mm×20mm；φ3mm×20mm | 若干 |
| 18 | 网孔板卡扣 | 电工实训网孔板专用塑料卡扣（蓝色） | 若干 |

**2. 实训过程**

（1）安装训练

1）根据电动机型号配齐所有的电器元件，并进行质量检测。

2）根据图4-9a所示，画出布置图。

3）在控制板上按平面布置图安装走线槽和所有电器元件，并贴上醒目的文字符号，如图4-9b所示。

工艺要求：安装走线槽时，应做到横平竖直，排列整齐匀称，安装牢固，便于走线，如图4-10所示。

4）进行板前线槽布线，并在导线端部套编码套管和冷压接线头，如图4-11所示。

图4-10　安装走线槽、元件，贴上文字符号

图4-11　板前线槽布线，套编码套管和冷压接线头

板前线槽配线的工艺要求为：

① 布线时，严禁损伤线芯和导线绝缘。

② 所有导线的截面积大于或等于 $0.5mm^2$ 时，必须采用软线。考虑机械强度的原因，所用导线的最小截面积在控制箱外为 $1mm^2$，在控制箱内为 $0.75mm^2$。但是，对控制箱内通过很小电流的电路连线，如电子逻辑电路，可用 $0.2mm^2$，并且可以采用硬线，但只能用于不移动又无振动的场合。

③ 各电器元件接线端子上引出或引入的导线，除间距很小或元件机械强度很差时允许直接架空敷设外，其他导线必须经过走线槽进行连接。

④ 各电器元件接线端子引出导线的走向以元件的水平中心线为界线。在水平中心线以上接线端子引出的导线，必须进入元件上面的走线槽；在水平中心线以下接线端子引出的导线，必须进入元件下面的走线槽。任何导线都不允许从水平方向进入走线槽内。

⑤ 进入走线槽内的导线要完全置于走线槽内，并且应尽可能避免交叉，装线不要超过其容量的70%，便于盖上线槽盖和以后的装配及维修。

⑥ 各电器元件与走线槽之间的外露导线，应走线合理，并尽量做到横平竖直。同一个元件上位置一致的端子和同型号电器元件中位置一致的端子上引入或引出的导线，要在同一平面上进行敷设，前后一致或者高低一致，不得交叉。

⑦ 所有接线端子、导线线头上都应套有与电路图上相应接点线号一致的编码套管，并

按线号进行连接，连接必须牢固，不得松动。

⑧ 在任何情况下，接线端子都必须与导线截面积和材料性质相适应。当接线端子不适合连接软线或不适合连接较小截面积的软线时，应在导线端头穿上针形或叉形轧头并压紧。

⑨ 通常一个接线端子只能连接一根导线，如果采用的是专门设计的端子，可以连接两根或多根导线，但导线的连接方式必须是公认的、工艺上成熟的接线方式，如夹紧、压接、焊接和绕接等，并应严格按照连接工艺的工序要求进行。

5）根据图 4-9a 所示电路图检查控制板内部布线的正确性。

6）安装电动机。

7）准确地连接电动机和按钮金属外壳的保护接地线。

8）连接电源、电动机等控制板外部的导线。

9）自检。

10）互验。

11）交验合格后通电试运行。

(2) 安装注意事项

1）行程开关可以先安装好，不占定额时间。行程开关必牢固安装在合适的位置上。安装后，必须用手动工作台或受控机械进行试验，合格后才能使用。训练中，若无条件进行实际机械安装试验，可将行程开关安装在控制板上方（或下方）两侧，进行手控模拟试验。

2）通电试运行前，应熟悉线路的操作要求，即应先合上电源开关 QF，然后按下起动按钮。

3）通电校验时，必须先手动操作行程开关，试验各行程控制和终端保护动作是否正常可靠。

4）走线槽安装后可不必拆卸，以供后面课题训练时使用。安装线槽的时间不计入定额时间内。

5）通电校验时，必须有指导教师在现场监护，学生应根据电路的控制要求独立进行校验，若出现故障也应自行排除。

6）安装训练应在规定的定额时间内完成，同时要做到安全操作和文明生产。

(3) 检修训练

在图 4-9a 所示的主电路或控制电路中，人为设置电气故障两处，自编检修步骤，经指导教师审查合格后开始检修。检修注意事项：

1）检修前，要先掌握电路图中各个控制环节的作用和工作原理。

2）在检修过程中，严禁扩大和产生新的故障，否则要立即停止检修。

3）检修思路和方法要正确。

4）寻找故障现象时，不要漏检行程开关，并且严禁在行程开关 SQ3、SQ4 上设置故障。

5）带电检修故障时，必须有指导教师在现场监护，并要确保用电安全。

6）检修必须在定额时间内完成。

### 3. 评分标准

评分标准见表4-6。

表4-6 评分标准

| 项目内容 | 配分 | 评分标准 | | 扣分 |
|---|---|---|---|---|
| 选用工具、仪表及器材 | 15分 | （1）工具、仪表少选或错选 | 每个扣2分 | |
| | | （2）电器元件选错型号和规格 | 每个扣4分 | |
| | | （3）选错电器元件数量或型号规格没有写全 | 每个扣2分 | |
| 装前检查 | 5分 | （1）电器元件漏检或错检 | 每处扣1分 | |
| | | （2）电动机质量检测 | 每处扣2分 | |
| 安装 | 10分 | （1）电器布置不合理 | 扣5分 | |
| | | （2）电器元件布置不整齐、不匀称、不合理 | 每只扣4分 | |
| | | （3）电器元件安装不牢固 | 每只扣5分 | |
| | | （4）电器元件损坏 | 扣15分 | |
| 布线 | 20分 | （1）走线槽安装不符合工艺要求 | 每处扣2分 | |
| | | （2）电路图接线错误 | 每处扣15分 | |
| | | （3）布线不符合规定 | 每根扣3分 | |
| | | （4）损伤导线的绝缘层或线芯 | 每个扣5分 | |
| | | （5）接点松动、露铜过长、反圈、压绝缘层等 | 每个扣2分 | |
| | | （6）编码套管漏装或套错 | 每个扣1分 | |
| | | （7）漏接接地线 | 扣10分 | |
| 故障分析 | 10分 | （1）不熟悉电器元件的工作原理 | 扣10分 | |
| | | （2）不了解电器元件位置 | 每个扣5分 | |
| | | （3）故障分析、排除故障思路不正确 | 每个扣5~10分 | |
| | | （4）标错电路故障范围 | 每个扣5分 | |
| 排除故障 | 20分 | （1）不断电验电 | 扣5分 | |
| | | （2）工具及仪表使用不当 | 每次扣5分 | |
| | | （3）排除故障的顺序不对 | 扣5分 | |
| | | （4）不能查出故障点 | 每个扣10分 | |
| | | （5）查出故障点，但不能排除 | 每个故障扣5分 | |
| | | （6）产生新的故障： | | |
| | | 　　不能排除 | 每个扣10分 | |
| | | 　　已经排除 | 每个扣5分 | |
| | | （7）损坏电动机 | 扣20分 | |
| | | （8）损坏电器元件，或排除故障方法不正确 | 每只（次）扣5~20分 | |

（续）

| 项目内容 | 配分 | 评分标准 | | 扣分 |
|---|---|---|---|---|
| 通电试运行 | 20分 | （1）热继电器未整定或整定错误<br>（2）熔体规格选用不当<br>（3）第一次试运行不成功<br>（4）第二次试运行不成功<br>（5）第三次试运行不成功 | 扣5分<br>扣5分<br>扣10分<br>扣15分<br>扣20分 | |
| 安全文明生产 | | （1）违反安全文明生产规程<br>（2）乱线敷设，加扣不安全分 | 扣10~70分<br>扣10分 | |
| 工时4h | | 训练不允许超时，若在修复故障过程中才允许超时，每超1min | 扣5分 | |
| 备注 | | 除定额时间外，各项内容的最高扣分不得超过配分数 | 成绩 | |
| 开始时间 | | 结束时间 | 实际时间 | |

# 项目5

# 三相异步电动机星-三角减压起动控制电路

## 任务1 认识常用低压电器——时间继电器

➢ **知识目标**

1）掌握时间继电器的用途与分类。
2）熟知时间继电器的基本结构、工作原理及型号含义，熟记其图形符号和文字符号。

➢ **技能目标**

1）掌握时间继电器的选用、安装，会绘制图形符号和文字符号。
2）掌握时间继电器的故障维修。

➢ **培养目标**

1）培养学生的职业素养以及职业道德，培养学生按"7S"（整理、整顿、清扫、清洁、素养、安全和节约）标准工作的良好习惯。
2）培养学生具备善于观察，主动学习，能够分析问题、解决问题的能力，学会获取新知识、新技能的学习能力。
3）学生的团队合作能力、专业技术交流的表达能力。
4）具备"7S"的能力和意识。

### 一、时间继电器

时间继电器是电气控制系统中一个非常重要的元器件，在许多控制系统中，需要使用时间继电器来实现延时控制。时间继电器是从接收信号到执行元件（如触点）动作有一定时间间隔的继电器。其特点是，自吸引线圈得到信号后，执行元件能够按照预定时间延时工作。时间继电器一般用于接通或切断较高电压、较大电流的电路，因而广泛地应用在工业生产及家用电器等的自动控制中。

时间继电器的种类很多，概括起来，可分为电气式和机械式两大类，常用的主要有电磁式、电动式、空气阻尼式和晶体管式等类型。按延时方式分，时间继电器可分为通电延时型、断电延时型和带瞬动触点的通电延时型等。目前在电力拖动控制线路中，应用较多的是空气阻尼式和晶体管式时间继电器。图5-1所示为几款常用的时间继电器。

# 项目5　三相异步电动机星-三角减压起动控制电路

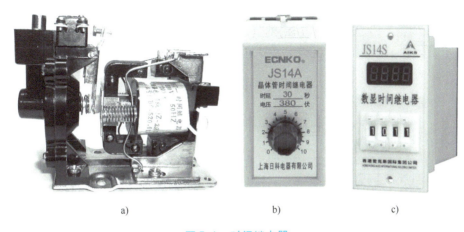

图 5-1　时间继电器

a) 空气阻尼式时间继电器　b) 晶体管式时间继电器　c) 数显式时间继电器

下面以空气阻尼式和晶体管式时间继电器为例进行介绍。

### 1. 空气阻尼式时间继电器

（1）结构和原理　空气阻尼式时间继电器又称为气囊式时间继电器，其外形和结构如图 5-2 所示，主要由电磁系统、延时机构和触点系统三部分组成。电磁系统为直动式双 E 形电磁铁，通过杠杆驱动，依靠进入气室的空气速度得到快慢延时。触点为双断点式结构，触点系统借用 LX5 型微动开关，包括两对瞬时触点（一常开一常闭）和两对延时触点（一常开一常闭），延时时间取决于锥形杆与其下方的锥形孔之间的配合间隙，即移动上下锥形杆来调节。根据触点延时的特点，可分为通电延时动作型和断电延时复位型两种。

视频 11

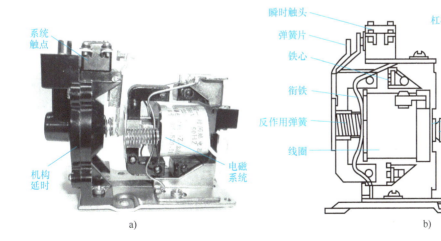

图 5-2　空气阻尼式时间继电器的外形与结构

a) 外形　b) 结构

JS 7—A 系列空气阻尼式时间继电器是利用气囊中的空气通过小孔节流的原理来获得延时的，其结构原理如图 5-3 所示。图 5-3a 所示为通电延时型时间继电器，当电磁系统的线圈通电时，微动开关 SQ2 的触点瞬时动

视频 12

作，而 SQ1 的触点由于气囊中空气阻尼的作用延时动作，其延时的长短取决于进气的快慢，可通过旋动调节螺钉 13 进行调节，延时范围有 0.4～60s 和 0.4～180s 两种。当线圈断电时，微动开关 SQ1 和 SQ2 的触点均瞬时复位。

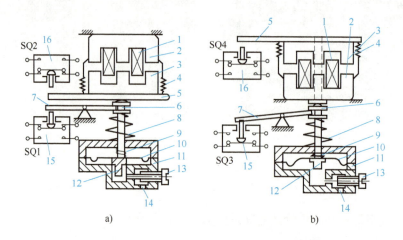

图 5-3　JS 7—A 系列空气阻尼式时间继电器的结构原理

a）通电延时型　b）断电延时型

1—线圈　2—铁心　3—衔铁　4—反力弹簧　5—推板　6—活塞杆　7—杠杆
8—弹簧　9—弱弹簧　10—橡胶膜　11—空气室　12—活塞　13—调节螺钉
14—进气孔　15、16—微动开关

JS 7—A 系列断电延时型和通电延时型时间继电器的组成元件是通用的。若将图 5-3a 所示通电延时型时间继电器的电磁机构旋出固定螺钉后反转 180°安装，即为图 5-3b 所示断电延时型时间继电器。

空气阻尼式通电延时时间继电器的工作原理为：当线圈通电后，电磁机构活动衔铁克服反力弹簧的阻尼，与静铁心吸合，释放空间，活塞杆在弹簧作用下向左移动，空气由进气孔进入气囊。经过一段时间后，活塞杆完成全部行程，通过杠杆压动微动开关，使常闭触点延时断开，常开触点延时闭合。当线圈失电后，电磁机构活动衔铁在反力弹簧作用下压缩弹簧，同时推动活塞杆向右移动至右限位，杠杆随着运动，使微动开关瞬时复位，使常闭触点瞬时闭合，常开触点瞬时断开。

空气阻尼式断电延时时间继电器的工作原理是：当线圈通电后，电磁机构活动衔铁克服反力弹簧的阻尼，与静铁心吸合，活动衔铁推动推杆压缩弹簧，推动活塞杆向右移动至右限位，同时杠杆随着运动，使微动开关动作，使常闭触点瞬时断开，常开触点瞬时闭合。当线圈断电后，电磁机构活动衔铁在反力弹簧作用下，与静铁心分开，释放空间，活塞杆在弹簧作用下向左移动，空气由进气孔进入气囊，经过一段时间后，活塞杆完成全部行程，通过杠杆压动微动开关，使常闭触点延时闭合，常开触点延时断开。

（2）型号含义及技术数据　JS 7—A 系列空气阻尼式时间继电器的型号及含义如图 5-4 所示。

JS 7—A 系列空气阻尼式时间继电器的主要技术数据见表 5-1。

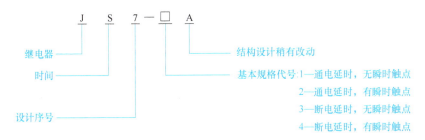

图 5-4 JS 7—A 系列空气阻尼式时间继电器的型号及含义

表 5-1 JS 7—A 系列空气阻尼式时间继电器的主要技术数据

| 型号 | 瞬时动作触点对数 | | 有延时的触点对数 | | | | 触点额定电压 /V | 触点额定电流 /A | 线圈电压 /V | 延时范围 /s | 额定操作频率 |
| --- | --- | --- | --- | --- | --- | --- | --- | --- | --- | --- | --- |
| | | | 通电延时 | | 断电延时 | | | | | | |
| | 常开 | 常闭 | 常开 | 常闭 | 常开 | 常闭 | | | | | |
| JS 7—1A | — | — | 1 | 1 | — | — | 380 | 5 | 24,36 | 0.4~60 | 600 |
| JS 7—2A | 1 | 1 | 1 | 1 | — | — | | | 110,127 | 0.4~180 | |
| JS 7—3A | — | — | — | — | 1 | 1 | | | 220,380 | | |
| JS 7—4A | 1 | 1 | — | — | 1 | 1 | | | 420 | | |

(3) 常见故障及处理方法　JS 7—A 系列空气阻尼式时间继电器的触点系统和电磁系统的故障及处理方法可参看接触器中的有关内容。其他常见故障及处理方法见表 5-2。

表 5-2 JS 7—A 系列空气阻尼式时间继电器常见故障及处理方法

| 故障现象 | 可能原因 | 处理方法 |
| --- | --- | --- |
| 延时触点不动作 | 电磁线圈断线 | 更换线圈 |
| | 电源电压过低 | 调高电源电压 |
| | 传动机构卡住或损坏 | 排除卡住故障或更换部件 |
| 延时时间缩短 | 气室装配不严，漏气 | 修理或更换气室 |
| | 橡胶膜损坏 | 更换橡胶膜 |
| 延时时间变长 | 气室内有灰尘，使气道阻塞 | 清除气室内灰尘，使气道畅通 |

空气阻尼式时间继电器的特点是延时范围大（0.4~180s），结构简单，价格低，使用寿命长，但整定精度往往较差，只适用于一般场合。

**2. JS20 系列晶体管式时间继电器**

晶体管式时间继电器也称为半导体时间继电器或电子式时间继电器，具有机械结构简单、延时范围宽、整定精度高、体积小、耐冲击、耐振动、消耗功率小、调整方便及寿命长等优点，所以发展迅速，已成为时间继电器的主流产品，应用越来越广泛。

晶体管式时间继电器按结构可分为阻容式和数字式两类，按延时方式可分为通电延时型、断电延时型及带瞬动触点的通电延时型三类。JS20 系列晶体管式时间继电器是全国推广的统一设计产品，适用于交流 50Hz、电压 380V 及以下或直流电压 220V 及以下的控制电路中作为延时元件，按预定的时间接通或分断电路。它具有体积小、重量轻、精度高、寿命长及通用性强等优点。

（1）结构和原理　JS20 系列晶体管式时间继电器的外形如图 5-5 所示，具有保护外壳，其内部结构采用印制电路组件。安装和接线采用专用的插接座，配有带插脚标记的下标牌作为接线指示，上标牌上还带有发光二极管作为动作指示。其结构形式有外接式、装置式和面板式三种，如图 5-6 所示。外接式的整定电位器可通过插座用导线接到所需的控制板上。装置式具有带接线端子的胶木底座。面板式采用通用 8 大脚插座，可直接安装在控制台的面板上，另外还带有延时刻度和延时旋钮供整定延时时间用。JS20 系列通电延时型时间继电器电路如图 5-7 所示。

图 5-5　JS20 系列晶体管式时间继电器的外形

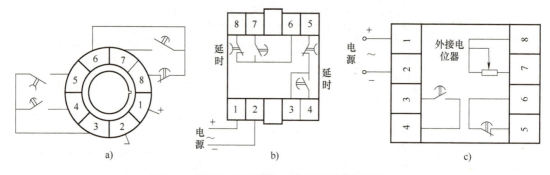

图 5-6　JS20 系列晶体管式时间继电器的结构形式
a）面板式　b）装置式　c）外接式

如图 5-7 所示，该电路由电源、电容充放电电路、电压鉴别电路、输出和指示电路五部分组成。电源接通后，经整流滤波和稳压后的直流电，经过 RP1 和 R2 向电容 C2 充电。当场效应晶体管 V6 的栅源电压 $U_{gs}$ 低于夹断电压 $U_p$ 时，V6 截止，因而 V7、V8 处于截止状态。随着充电的不断进行，电容 C2 的电位按指数规律上升，当达到 $U_{gs}$ 高于 $U_p$ 时，V6 导通，V7、V8 也导通，继电器 KA 吸合，输出延时信号。同时电容 C2 通过 R8 和 KA 的常开触点放电，为下次动作做好准备。切断电源时，继电器 KA 释放，电路恢复原始状态，等待下次动作。调节 RP1 和 RP2 即可调整延时时间。

（2）型号含义及技术数据　JS20 系列晶体管式时间继电器的型号及含义如图 5-8 所示。JS20 系列晶体管式时间继电器的主要技术参数见表 5-3。

项目5　三相异步电动机星-三角减压起动控制电路

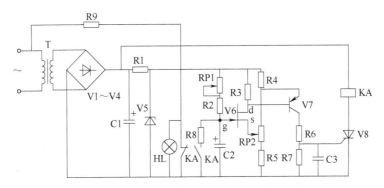

图 5-7　SJ20 系列通电延时型时间继电器电路

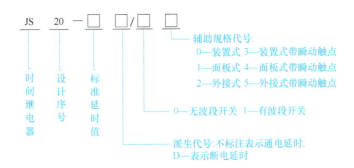

图 5-8　JS20 系列晶体管式时间继电器的型号及含义

表 5-3　JS20 系列晶体管式时间继电器的主要技术参数

| 型号 | 结构形式 | 延时整定元件位置 | 延时范围/s | 延时触点对数 | | | | 不延时触点对数 | | 误差（%） | | 环境温度/℃ | 工作电压/V | | 功率消耗/W | 机械寿命/万次 |
|---|---|---|---|---|---|---|---|---|---|---|---|---|---|---|---|---|
| | | | | 通电延时 | | 断电延时 | | | | | | | 交流 | 直流 | | |
| | | | | 常开 | 常闭 | 常开 | 常闭 | 常开 | 常闭 | 重复 | 综合 | | | | | |
| JS20—□/00 | 装置式 | 内接 | 0.1~30 | 2 | 2 | — | — | — | — | ±3 | ±1 | -100~40 | 36、110、127、220、380 | 24、48、110 | ≤5 | 1000 |
| JS20—□/01 | 面板式 | 内接 | | 2 | 2 | — | — | — | — | | | | | | | |
| JS20—□/02 | 装置式 | 外接 | | 2 | 2 | — | — | — | — | | | | | | | |
| JS20—□/03 | 装置式 | 内接 | | 1 | 1 | — | — | 1 | 1 | | | | | | | |
| JS20—□/04 | 面板式 | 内接 | | 1 | 1 | — | — | 1 | 1 | | | | | | | |
| JS20—□/05 | 装置式 | 外接 | | 1 | 1 | — | — | 1 | 1 | | | | | | | |
| JS20—□/10 | 装置式 | 内接 | 0.1~3600 | 2 | 2 | — | — | — | — | | | | | | | |
| JS20—□/11 | 面板式 | 内接 | | 2 | 2 | — | — | — | — | | | | | | | |
| JS20—□/12 | 装置式 | 外接 | | 2 | 2 | — | — | — | — | | | | | | | |
| JS20—□/13 | 装置式 | 内接 | | 1 | 1 | — | — | 1 | 1 | | | | | | | |
| JS20—□/14 | 面板式 | 内接 | | 1 | 1 | — | — | 1 | 1 | | | | | | | |
| JS20—□/15 | 装置式 | 外接 | | 1 | 1 | — | — | 1 | 1 | | | | | | | |
| JS20—□D/00 | 装置式 | 内接 | 0.1~18 | — | — | 2 | 2 | — | — | | | | | | | |
| JS20—□D/01 | 面板式 | 内接 | | — | — | 2 | 2 | — | — | | | | | | | |
| JS20—□D/02 | 装置式 | 外接 | | — | — | 2 | 2 | — | — | | | | | | | |

93

（3）适用场合

1）电磁式时间继电器不能满足要求。

2）延时精度要求较高。

3）控制电路相互协调需要无触点输出等情况。

### 3. 时间继电器的符号

时间继电器的图形符号如图 5-9 所示。

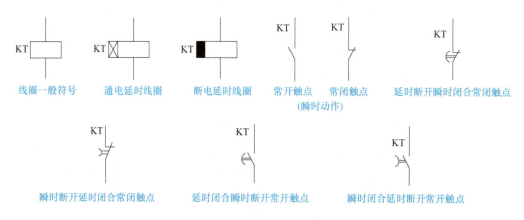

图 5-9　时间继电器的图形符号

### 4. 时间继电器的选用

1）根据控制电路对延时触点的要求选择延时方式，即选择通电延时型还是断电延时型。

2）根据延时范围和精度要求选择继电器的类型。在延时精度要求不高的场合，一般可选用价格较低的 JS 7—A 系列空气阻尼式时间继电器。反之，对精度要求较高的场合，可选用晶体管式时间继电器。

3）根据使用场合、工作环境选择时间继电器的类型。例如，电源电压波动大的场合可选空气阻尼式或电动式时间继电器，电源频率不稳定的场合不宜选用电动式；环境温度变化大的场合不宜选用空气阻尼式和电子式时间继电器。

### 5. 时间继电器的安装与使用

1）时间继电器应按说明书中规定的方向进行安装。无论通电延时型还是断电延时型，都必须使继电器在断电后释放时衔铁的运动方向垂直向下，其倾斜度不得超过 5°。

2）时间继电器的整定值应预先在不通电时整定好，并在试运行时加以校正。

3）时间继电器金属底板上的接地螺钉必须与接地线可靠连接。

4）通电延时型和断电延时型可在整定时间内自行调换。

5）使用时，应经常清除灰尘及油污，否则延时误差将增大。

### 6. 时间继电器的选用注意事项

1）延时方式。时间继电器有断电延时型与通电延时型，应根据实际需要选择延时方式。

2）复位时间。时间继电器动作后需要一定的复位时间，复位时间要比固有动作时间稍长，这一点对重复延时电路和操作频繁的场合尤为重要。

3）类型选择。对延时要求较高的场合，应选用电动式或晶体管式时间继电器；对延时要求不高的场合，可采用电磁阻尼式或气囊式时间继电器。

4）电源频率。对于电源频率波动较大的场所，不宜采用电动式时间继电器，宜选气囊式时间继电器。

### 实训 5-1　时间继电器的识别与检测

**1. 工具、仪表及器材**

（1）工具　常用电工工具一套，压线钳一把，剥线钳一把。

（2）仪表　MF47 型指针式万用表或数字式万用表一只。

（3）器材　实训所用器材明细见表 5-4。

表 5-4　实训所用器材明细

| 序号 | 名　称 | 型　号　规　格 | 数　量 |
|---|---|---|---|
| 1 | 时间继电器 | JS7—2A，线圈电压 380V | 1 |
| 2 | 组合开关 | HZ10—25/3，三极，25A | 1 |
| 3 | 熔断器 | RL1—15/2，15A，配熔体 2A | 1 |
| 4 | 按钮 | LA4—3H 保护式，按钮数 3 | 1 |
| 5 | 指示灯 | 220V，15W | 3 |
| 6 | 控制板 | 500mm×400mm×20mm | 1 |
| 7 | 导线 | BVR—1.0mm$^2$ | 若干 |

**2. 实训过程**

（1）整修 JS7—2A 型时间继电器的触点

1）拧下延时或瞬时微动开关的紧固螺钉，取下微动开关。

2）均匀用力慢慢撬开并取下微动开关盖板。

3）小心取下动触点及其相关附件，要防止用力过猛而弹失小弹簧和薄垫片。

4）进行触点整修。整修时，不允许用砂纸或其他研磨材料，而应使用锋利的刀刃或细锉刀修平，然后用干净的布擦拭，不得用手指直接接触触点或用油类润滑，以免沾污触点。整修后的触点应做到接触良好。

5）按拆卸的逆顺序进行装配。

6）手动检查微动开关的分合是否瞬间动作，触点接触是否良好。

（2）JS7—2A 型改装成 JS7—4A 型

1）松开线圈支架紧固螺钉，取下线圈和铁心总成部件。

2）将总成部件沿水平方向旋转 180°后，重新旋上紧固螺钉。

3）观察延时和瞬时触点的动作情况，将其调整在最佳位置上。调整延时触点时，可旋松线圈和铁心总成部件的安装螺钉，向上或向下移动后再旋转。调整瞬时触点时，可松开安装瞬时微动开关底板上的螺钉，将微动开关向上或向下移动后再加以旋紧。

4）旋紧各安装螺钉，进行手动检查，若达不到要求须重新调整。

（3）通电校验

1）将整修和装配好的时间继电器按图 5-10 所示连入线路，并进行通电校验。

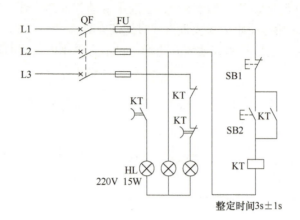

图 5-10 JS7—4A 型时间继电器校验电路

2）通电校验要做到一次校验合格。通电校验合格的标准为：在 1min 内通电次数不少于 10 次，做到各触点工作良好，吸合时无噪声，铁心释放无延缓，并且每次动作的延时时间一致。

**3. 注意事项**

1）整修和改装过程中，不允许硬撬，以防止损坏电器。

2）拆卸时，应备有盛放零件的容器，以免丢失零件。

3）在进行校验接线时，要注意各连接端子上线头间的距离，防止产生相间短路故障。

4）通电校验时，必须将时间继电器紧固在控制板上并可靠接地，且有指导教师监护，以确保用电安全。

5）改装后的时间继电器，在使用时要将原来的安装位置水平旋转 180°，使衔铁释放时的运动方向始终保持垂直向下。

**4. 职业素养**

1）"7S" 是整理、整顿、清扫、清洁、素养、安全和节约，"7S" 职业素养进课堂、进实训场地。

2）实训课前，准备好电工工具、学习资料，穿工装、绝缘鞋列队进入实训场地。

3）实训期间，按照岗位操作标准和安全操作规范进行实训操作练习，节约实训耗材。

4）实训结束，收好工具、仪器仪表，整理实训台，清理现场，做好维修记录。

**5. 评分标准**

评分标准见表 5-5。

表 5-5 评分标准

| 项 目 | 配分 | 评 分 标 准 | | 扣分 |
|---|---|---|---|---|
| 整修和改装 | 50 | （1）丢失或损坏零件 | 每件扣 10 分 | |
| | | （2）改装错误或扩大故障 | 扣 40 分 | |
| | | （3）整修和改装步骤或方法不正确 | 每次扣 5 分 | |
| | | （4）整修和改装不熟练 | 扣 10 分 | |
| | | （5）整修和改装后不能装配、不能通电 | 扣 50 分 | |

（续）

| 项　　目 | 配分 | 评　分　标　准 | | 扣分 |
|---|---|---|---|---|
| 通电校验 | 50 | （1）不能进行通电校验 | 扣50分 | |
| | | （2）校验线路接错 | 扣20分 | |
| | | （3）通电校验不符合要求： | | |
| | | 　　吸合时有噪声 | 扣20分 | |
| | | 　　铁心释放缓慢 | 扣15分 | |
| | | 　　延时误差每超过1s | 扣10分 | |
| | | 　　其他原因造成不成功 | 每次扣10分 | |
| | | （4）安装元件不牢固或漏接接地线 | 扣15分 | |
| 安全文明生产 | | 违反安全文明生产规程 | 扣5~40分 | |
| 定额时间60min | | 每超时5min以内 | 扣5分 | |
| 备注 | | 除定额时间外，各项目的最高扣分不得超过配分数 | 成绩 | |
| 开始时间 | | 结束时间 | 实际时间 | |

## 任务2　三相异步电动机星-三角减压起动控制电路分析

### ➢ 知识目标

1）掌握星-三角减压起动控制电路的组成并能画出其控制电路图。
2）掌握星-三角减压起动控制电路的工作原理。

### ➢ 技能目标

1）学会星-三角减压起动控制电路的接线。
2）学会星-三角减压起动控制电路的接线及线路的检测。

### ➢ 培养目标

1）培养学生的职业素养以及职业道德，培养学生按"7S"（整理、整顿、清扫、清洁、素养、安全和节约）标准工作的良好习惯。
2）培养学生具备善于观察，主动学习，能够分析问题、解决问题的能力，学会获取新知识、新技能的学习能力。
3）学生的团队合作能力、专业技术交流的表达能力。
4）具备"7S"的能力和意识。

前面介绍的三相异步电动机控制电路采用全压起动方式，所谓全压起动是指起动时加在电动机定子绕组上的电压为电动机的额定电压。全压起动也称为直接起动，其优点是电气设备少，控制电路简单，维修工作量小。异步电动机全压起动时，起动电流一般为额定电流的4~7倍。在电源变压器容量不够大，而电动机功率较大的情况下，直接起动将导致电源变压器输出电压下降，不仅减小电动机本身的起动转矩，而且会影响同一供电网中其他电气设备的正常工作。因此，较大功率的电动机需采用减压起动。所谓减压起动是指在起动时降低加在电动机定子绕组上的电压，当电动机起动后，再将电压升到额定值，使之在额定电压下运转。由于电流与电压成正比，所以减压起动可以减小起动电流，进而减小了在供电线路上因电动机起动所造成的过大电压降，减小了对线路电压的影响，这是减压起动的根本目的。一般减压起动时的起动电流控制在电动机额定电流的 2～3 倍。

一般规定：电源容量在 180kV·A 以上，电动机功率在 7kW 以下的三相异步电动机，可采用直接起动。

判断一台电动机能否直接起动，还可以用下面的经验公式确定：

$$I_q/I_n \leq 3/4 + P_s/(4P_N)$$

式中　$I_q$——电动机全压起动电流（A）；

　　　$I_n$——电动机额定电流（A）；

　　　$P_s$——电源变压器容量（kV·A）；

　　　$P_N$——电动机额定功率（kW）。

三相异步电动机减压起动方法有定子串联电阻或电抗器减压起动、自耦变压器减压起动、星-三角变换减压起动和延边三角形减压起动等。尽管方法各异，目的都是限制电动机起动电流，减小供电线路因电动机起动引起的电压降。

凡是在正常运行时定子绕组接成三角形的三相异步电动机，可以采用Y-△（即星-三角）减压起动的方法来达到限制起动电流的目的。

起动时，定子绕组首先接成星形，待转速上升到接近额定转速时，将定子绕组的接线由星形换接成三角形，电动机便进入了全电压正常运行状态。因为功率在 4kW 以上的三相异步电动机均为三角形联结，因此都可以采用Y-△减压起动方法。电动机起动时接成星形，加在每项定子绕组上的起动电压为三角形联结时的 $1/\sqrt{3}$，起动线路电流为三角形联结时的 1/3，起动转矩为三角形联结时的 1/3，因此这种方法只适用于轻载或空载下起动。常用的Y-△减压起动有手动和自动两种形式。

## 一、手动控制Y-△减压起动控制电路

图 5-11 所示为双投开启式负荷开关手动控制Y-△减压起动控制电路。线路的工作原理

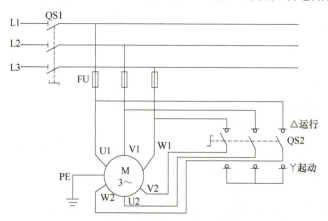

图 5-11　手动控制Y-△减压起动控制电路

为：起动时，先合上电源开关 QS1，然后把开启式负荷开关 QS2 扳到"起动"位置，电动机定子绕组便接成Y联结减压起动；当电动机转速上升并接近额定值时，再将 QS2 扳到"运行"位置，电动机定子绕组改接成△联结全压正常运行。

手动Y-△起动器专门作为手动Y-△减压起动用，有 QX1 和 QX2 系列，按控制电动机的功率分为 13kW 和 30kW 两种，起动器的正常操作频率为 30 次/h。

QX1 型手动Y-△起动器的外形结构、接线图和触点分合表如图 5-12 所示。起动器有起动（Y）、停止（0）和运行（△）三个位置，当手柄扳到"0"位置时，8 对触点都分断，电动机脱离电源停转；当手柄扳到"Y"位置时，1、2、5、6 和 8 触点闭合接通，3、4 和 7 触点分断，定子绕组的末端 W2、U2 和 V2 通过触点 5 和 6 接成Y联结，始端 U1、V1 和 W1 则分别通过触点 1、8 和 2 接入三相电源 L1、L2 和 L3，电动机进行Y形减压起动；当电动机转速上升并接近额定转速时，将手柄扳到"△"位置，这时 1、2、3、4、7 和 8 触点闭合，5、6 触点分断，定子绕组按 U1→触点 1→触点 3→W2、V1→触点 8→触点 7→U2、W1→触点 2→触点 4→V2 接成△联结全压正常运转。

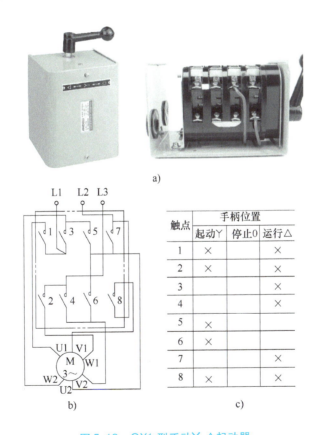

图 5-12　QX1 型手动Y-△起动器
a）外形结构　b）接线图　c）触点分合表

## 二、时间继电器自动控制Y-△减压起动控制电路

时间继电器自动控制Y-△减压起动控制电路如图 5-13 所示。该线路除了过载保护 FR、

电源开关 QF 和短路保护 FU 之外，由三个接触器、一个热继电器、一个时间继电器和两个按钮组成。接触器 KM 作引入电源用，接触器 KM$_Y$ 和 KM$_\triangle$ 分别作星形减压起动用和三角形全压运行用，时间继电器 KT 用作控制Y联结减压起动时间和完成Y-△自动切换，SB1、SB2 是起动按钮和停止按钮，FU1 的作用是主电路的短路保护，FU2 是控制电路的短路保护，FR 进行过载保护。

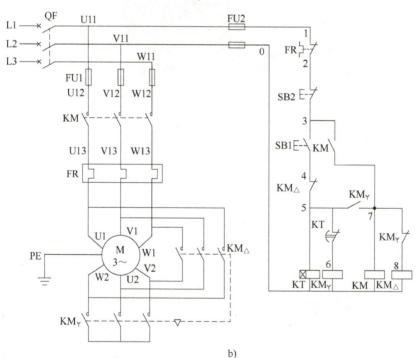

视频 13

图 5-13　时间继电器自动控制Y-△减压起动控制电路

a）模拟安装盘　b）电路图

合上电源开关 QF，电路的工作原理如下：

## 1. 减压起动

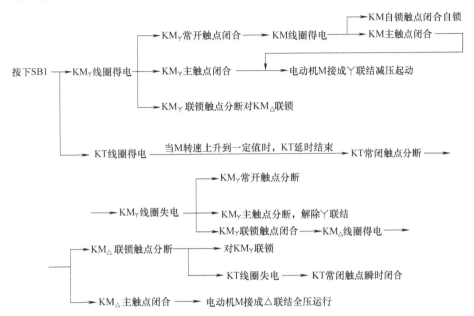

## 2. 停止

停止时按下 SB 2 即可。

该线路中，接触器 KM_Y 得电以后，通过 KM_Y 的辅助常开触点使接触器 KM 得电动作，这样 KM_Y 的主触点是在无负载条件下闭合的，故可延长接触器 KM_Y 主触点的使用寿命。

## 3. 注意事项

1）Y-△减压起动只能用于正常运行时为三角形联结的电动机，接线时必须将接线盒内的短接片拆除。

2）接线时要保证电动机三角形联结的正确性，即接触器 KM_△ 主触点闭合时，应保证定子绕组的 U1 与 W2、V1 与 U2、W1 与 V2 相连接。

3）接触器 KM_Y 的进线必须从三相定子绕组的末端引入，若误将其首端引入，则在 KM_Y 吸合时，会产生一相电源短路事故。

4）线路全部安装完毕后，用万用表电阻挡测量 FU2 下口两端是否导通，如果导通则说明线路中有短路情况，应进行检查并排除。

5）配电盘与电动机按钮之间的连线，应传入金属软管内。

6）通电前应检查熔体规格及时间继电器和热继电器的整定值是否符合要求。

## 实训 5-2　时间继电器自动控制星-三角减压起动控制电路安装与调试

### 1. 工具、仪表及器材

（1）工具　常用电工工具一套，压线钳一把，剥线钳一把。

（2）仪表　MF47 型指针式万用表或数字式万用表一只。

（3）器材　参照表 5-6 选配工具、仪表和器材，并检测质量是否合格。

表 5-6　实训器材明细

| 序号 | 名　　称 | 型号与规格 | 数量 |
|---|---|---|---|
| 1 | 三相异步电动机 | Y112M—4，4kW，380V，8.8A | 1 台 |
| 2 | 熔断器 | RT28—32，500V，配 20A 和 4A 熔体 | 5 只 |
| 3 | 低压断路器 | DZ47—63，380V，20A | 1 只 |
| 4 | 交流接触器 | CJX1—9/22，线圈电压 380V | 1 只 |
| 5 | 热继电器 | JR36—20 或 NR4—63，整定电流 9.6A | 3 只 |
| 6 | 时间继电器 | JS7—2A，线圈电压 380V | 1 只 |
| 7 | 按钮 | LA4—3H 三位自复位式 | 1 只 |
| 8 | 端子板 | TB1510L | 1 条 |
| 9 | 网孔板 | 800mm×800mm | 1 个 |
| 10 | 线槽 | 20mm×20mm（蓝色或灰色） | 若干 |
| 11 | 塑料软铜线 | BVR1.5$mm^2$（黑色）；BVR1.0$mm^2$（红色） | 若干 |
| 12 | 保护零线（PE） | BVR1.5$mm^2$（黄绿双色） | 若干 |
| 13 | 线号管 | 自定 | 若干 |
| 14 | 导轨 | 35mm×100mm | 若干 |
| 15 | 冷压端子 | PTV1.25—13 针式；SV1.25—3 欧式 U 形 | 若干 |
| 16 | 扎带 | 150mm | 若干 |
| 17 | 木螺钉 | $\phi$3mm×20mm；$\phi$3mm×20mm | 若干 |
| 18 | 网孔板卡扣 | 电工实训网孔板专用塑料卡扣（蓝色） | 若干 |

**2. 实训过程**

1）按实训器材明细表将所需器材配齐并检验质量。

2）在控制板上合理布置及固定安装所有电器元件，并贴上醒目的文字符号。

3）在控制板上按时间继电器自动控制Y-△减压起动控制电路原理图进行板前布线，并在导线端部套编码套管。

4）不带电自检，检查控制板线路的正确性。

5）交验检查无误后安装电动机。

6）可靠连接电动机和控制板外部的导线。

**3. 自检方法**

（1）主电路　万用表打在 $R \times 100$ 挡，闭合 QS 开关。

1）按下 KM，表笔分别接在 L1—U1、L2—V1 和 L3—W1，这时表针右偏指零。

2）按下 $KM_Y$，表笔接在 W2—U2、U2—V2 和 V2—W2，这时表针右偏指零。

3）按下 $KM_\triangle$，表笔分别接在 U1—W2、V1—U2 和 W1—V2，这时表针右偏指零。

（2）控制电路　万用表打在 $R \times 100$ 或 $R \times 1k$ 挡，表笔分别置于熔断器 FU2 的 1 和 0 位

置（测 KM、KM$_Y$、KM$_△$、KT 线圈阻值均为 2kΩ）

1）按下 SB1，表针右偏指为 1kΩ 左右（接入线圈 KM$_Y$、KT），同时按下 KT 一段时间，指针微微左偏指为 2kΩ（接入线圈 KT），同时按下 SB2 或者按下 KM$_△$，指针左偏指为 ∞。

2）按下 KM，指针右偏指为 1kΩ 左右（接入线圈 KM、KM$_△$），同时按下 SB2，指针左偏为 ∞。

3）类似进行检测

### 4. 安装注意事项

1）电动机必须安放平稳，其金属外壳与按钮盒的金属部分必须可靠接地。

2）采用Y-△减压起动控制的电动机，必须有 6 个出线端子，且定子绕组在△联结时的额定电压等于电源线电压。

3）接线时要保证电动机△联结的正确性，即接触器 KM$_△$ 主触点闭合时，应保证定子绕组的 U1 与 W2、V1 与 U2 和 W1 与 V2 相连接。

4）接触器 KM$_Y$ 的进线必须从三相定子绕组的末端引入，若误将其首端引入，则在 KM$_Y$ 吸合时，会产生三相电源短路事故。

5）控制板外部配线，必须按要求一律安装在导线通道内，使导线有适当的机械保护，以防止液体、金属屑和灰尘的侵入。在训练时可适当降低标准，但必须以能确保安全为条件，如采用多芯橡皮线或塑料护套软线。

6）通电校验前，要再检查一下熔体规格及时间继电器、热继电器的各整定值是否符合要求。

7）通电校验时，必须有指导教师在现场监护，学生应根据电路的控制要求独立进行校验，若出现故障也应自行排除。

8）安装训练应在定额时间内完成，同时要做到安全操作和文明生产。

### 5. 评分标准

评分标准见表 5-7。

表 5-7 评分标准

| 项目内容 | 配分 | 评分标准 | | 扣分 |
|---|---|---|---|---|
| 安装电器元件 | 15 | （1）电器元件布置不合理、不整齐、不均匀 | 每个扣 2 分 | |
| | | （2）电器元件安装不牢固 | 每个扣 2 分 | |
| | | （3）安装电器元件时漏装木螺钉 | 每个扣 1 分 | |
| | | （4）损伤电器元件 | 扣 5~15 分 | |
| 安装布线 | 35 | （1）不按电路图接线 | 扣 20 分 | |
| | | （2）布线不符合要求 | 主电路扣 2 分/处，控制电路扣 1 分/处 | |
| | | （3）接点松动、露铜过长、反圈、压绝缘层等 | 每个扣 1 分 | |
| | | （4）损伤导线绝缘或线芯 | 每根扣 2 分 | |

（续）

| 项目内容 | 配分 | 评分标准 | | 扣分 |
|---|---|---|---|---|
| 线路检测 | 10 | 要求检测方法正确、熟练，不正确、不熟练 | 扣1~10分 | |
| 通电试运行 | 30 | （1）整定值整定错误 | 每只扣5分 | |
| | | （2）通电操作步骤错误 | 每处扣2分 | |
| | | （3）通电试运行一次不成功 | 扣10分 | |
| | | （4）二次不成功 | 扣20分 | |
| | | （5）三次不成功 | 不得分 | |
| 安全文明生产 | 10 | （1）遵守用电操作规范，违规 | 扣1~10分 | |
| | | （2）工具器材摆放整齐，安装完毕保持完好，工具使用不当 | 扣1~5分 | |
| | | （3）安装完毕整理器材、场地，不整理 | 扣3分 | |
| 定额时间 | | 4h，训练不允许超时，若在修复故障过程中才允许超时，每超过1min | 扣1分 | |
| 备注 | | 除定额时间外各项内容的最高扣分不得超过配分数 | 成绩 | |
| 开始时间 | | 结束时间 | 实际时间 | |

# 项目6
# 三相异步电动机典型制动控制电路

## 任务1　认识常用低压电器——速度继电器

### ➢ 知识目标

1）了解速度继电器的基本应用。
2）掌握速度继电器的工作原理。
3）掌握速度继电器的安装与使用。
4）掌握电气控制的图例符号。

### ➢ 技能目标

1）能够正确识读速度继电器的电路符号。
2）能够操作典型电动机控制系统。
3）能够正确使用常用低压电器。

### ➢ 培养目标

1）培养学生的职业素养以及职业道德，培养学生按"7S"（整理、整顿、清扫、清洁、素养、安全和节约）标准工作的良好习惯。
2）培养学生具备善于观察，主动学习，能够分析问题、解决问题的能力，学会获取新知识、新技能的学习能力。
3）学生的团队合作能力、专业技术交流的表达能力。
4）具备"7S"的能力和意识。

速度继电器是反映转速和转向的继电器，其主要作用是以旋转速度的快慢为指令信号，与接触器配合实现对电动机的反接制动控制，因此也称为反接制动继电器。

机床电气控制线路中常用的速度继电器有JY1型和JFZ0型。图6-1所示为JY1型速度继电器，它是利用电磁感应原理工作的，具有结构简单、工作可靠和价格低廉等特点，广泛用于生产机械运动部件的速度控制、反接控制和快速停机，如车床主轴、铣床主轴等。下面以JY1型速度继电器为例进行介绍。

**1. 速度继电器的基本结构和工作原理**

（1）JY1型速度继电器的基本结构　如图6-2a所示，它主要由定子、转子、可动支架、

图 6-1　JY1 型速度继电器

触点及端盖组成。转子由永久磁铁制成，固定在转轴上；定子由硅钢片叠成并装有笼型短路绕组，能做小范围偏转；触点有两组，一组在转子正转时动作，另一组在转子反转时动作。

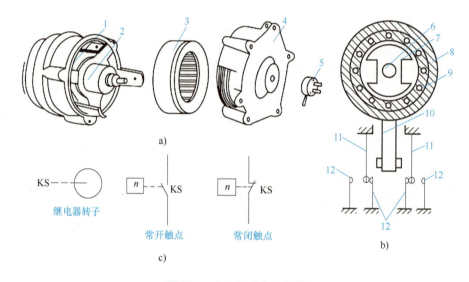

图 6-2　JY1 型速度继电器
a) 基本结构　b) 工作原理　c) 图形符号
1—可动支架　2—转子　3、8—定子　4—端盖　5—连接头　6—转轴　7—转子（永久磁铁）
9—定子绕组　10—胶木摆杆　11—簧片（动触点）　12—静触点

（2）JY1 型速度继电器的原理　如图 6-2b 所示，使用时速度继电器的转轴 6 与电动机的转轴连接在一起。当电动机旋转时，速度继电器的转子 7 随之旋转，在空间产生旋转磁场，旋转磁场在定子绕组 9 上产生感应电动势及感应电流，感应电流又与旋转磁场相互作用产生电磁转矩，使得定子 8 以及与之相连的胶木摆杆 10 偏转。定子偏转到一定角度时，胶木摆杆推动簧片 11，使继电器触点动作；当转子转速减小到接近零时，由于定子的电磁转矩减小，胶木摆杆恢复原状态，触点随即复位。

速度继电器在电路图中的图形符号如图 6-2c 所示。

**2. 速度继电器的型号含义及技术数据**

速度继电器的动作转速一般不低于 100r/min，复位转速在 100r/min 以下。常用的速度继电器中，JY1 型能在 3000r/min 下可靠地工作。JFZ0 型的两组触点改用两个微动开关，使触点的动作速度不受定子偏转速度的影响，额定工作转速有 300~1000r/min（JFZ0—1

型）和 1000～3000r/min（JFZ0—2 型）两种。

JFZ0 型速度继电器的型号及含义如图 6-3 所示。

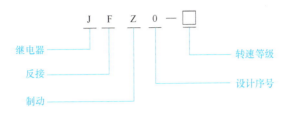

图 6-3　JFZ0 型速度继电器的型号及含义

**3. 速度继电器的选用**

速度继电器主要根据所需控制的转速大小、触点数量和电压、电流来选用。

**4. 速度继电器的安装与使用**

1）速度继电器的转轴应与电动机同轴连接，且使两轴的中心线重合。速度继电器的轴可用联轴器与电动机的轴连接。

2）安装接线时，应注意正反向触点不能接错，否则不能实现反接制动控制。

3）金属外壳应可靠接地。

## 实训 6-1　速度继电器的识别与检测

**1. 工具、仪表及器材**

（1）工具　常用电工工具一套。

（2）仪表　ZC25—3 型绝缘电阻表（500V、0～500MΩ）、MF47 型指针式万用表或数字式万用表一只。

（3）器材　JY1 型速度继电器 5～10 只，如图 6-4 所示。

**2. 实训过程**

（1）识别速度继电器

1）在教师指导下，仔细观察速度继电器的外形、型号，及其主要技术参数的意义、功能、结构和工作原理等。

图 6-4　速度继电器

2）由指导教师从所给速度继电器中任选三种，用胶布盖住型号并编号，由学生根据实物写出它们的名称、型号及文字符号，画出图形符号。

（2）检测速度继电器　拆开外壳观察其内部结构，理解常开触点、常闭触点的位置情况，用万用表的电阻挡测量各对触点之间的接触情况，分辨常开触点和常闭触点。

**3. 职业素养**

1）"7S" 是整理、整顿、清扫、清洁、素养、安全和节约，"7S" 职业素养进课堂、进实训场地。

2）实训课前，准备好电工工具、学习资料，穿工装、绝缘鞋列队进入实训场地。

3）实训期间，按照岗位操作标准和安全操作规范进行实训操作练习，节约实训耗材。

4）实训结束，收好工具、仪器仪表，整理实训台，清理现场，做好维修记录。

**4. 评分标准**

评分标准见表 6-1。

表 6-1 评分标准

| 项　目 | 配分 | 评 分 标 准 | | 扣分 |
|---|---|---|---|---|
| 识别速度继电器 | 40 分 | （1）写错或漏写名称 | 每只扣 5 分 | |
| | | （2）写错或漏写型号 | 每只扣 5 分 | |
| | | （3）写错符号 | 每只扣 5 分 | |
| 检测速度继电器 | 60 分 | （1）仪表使用方法错误 | 扣 10 分 | |
| | | （2）检测方法或结果有误 | 扣 10 分 | |
| | | （3）损坏仪表电器 | 扣 20 分 | |
| | | （4）不会检测 | 扣 10 分 | |
| | | （5）参数漏写或写错 | 扣 10 分 | |
| 安全文明生产 | | 违反安全文明生产规程 | 扣 5~40 分 | |
| 定额时间 | | 60min，每超时 5min（不足 5min 以 5min 计） | 扣 5 分 | |
| 备注 | | 除定额时间外，各项目的最高扣分不应超过配分数 | 成绩 | |
| 开始时间 | | 结束时间 | 实际时间 | |

## 任务 2　三相异步电动机反接制动控制电路分析

### ➢ 知识目标

1）掌握反接制动的工作原理。
2）掌握速度继电器的工作原理。
3）掌握单向起动反接制动控制电路的构成和工作原理。

### ➢ 技能目标

1）能够绘制单向起动反接制动控制电路。
2）能够安装单向起动反接制动控制电路。
3）能够正确使用常用低压电器。

### ➢ 培养目标

1）培养学生的职业素养以及职业道德，培养学生按"7S"（整理、整顿、清扫、清洁、素养、安全和节约）标准工作的良好习惯。
2）培养学生具备善于观察，主动学习，能够分析问题、解决问题的能力，学会获取新知识、新技能的学习能力。
3）学生的团队合作能力、专业技术交流的表达能力。
4）具备"7S"的能力和意识。

使电动机在切断电源停转的过程中，产生一个和电动机实际旋转方向相反的电磁力矩（制动力矩），迫使电动机迅速制动停转的方法叫作电力制动。电力制动常用的方法有反接制动、能耗制动、电容制动和再生发电制动等。本任务介绍反接制动。

**1. 反接制动原理**

如图 6-5 所示，当 QS 向上投合时，电动机定子绕组电源电压相序为 L1-L2-L3，电动机将沿旋转磁场方向（图 6-5b 所示顺时针方向），以 $n < n_1$ 的转速正常运转。

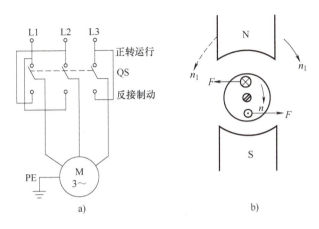

图 6-5　反接制动原理
a）接线情况　b）旋转磁场

当电动机需要停转时，拉下开关 QS，使电动机先脱离电源（此时转子由于惯性仍按原方向旋转）。随后，将开关 QS 迅速向下投合，由于 L1、L2 两相电源线对调，电动机定子绕组电源电压相序变为 L2-L1-L3，旋转磁场反转（图 6-5b 中的逆时针方向），此时转子将以 $n_1 + n$ 的相对转速沿原转动方向切割旋转磁场，在转子绕组中产生感应电流，用右手定则判断出其方向如图 6-5b 所示。而转子绕组一旦产生电流，又受到旋转磁场的作用，产生电磁转矩，其方向可用左手定则判断出来，如图 6-5b 所示。此转矩方向与电动机的转动方向相反，使电动机受制动迅速停转。

反接制动依靠改变电动机定子绕组的电源相序来产生制动力矩，迫使电动机迅速停转。当电动机转速接近零值时，应立即切断电动机电源，否则电动机将反转。为此，在反接制动设施中，为保证电动机的转速被制动到接近零值时能迅速切断电源，防止反向起动，常利用速度继电器来自动及时地切断电源。

**2. 单向起动反接制动控制电路**

如图 6-6 所示，该线路的主电路和正反转控制电路的主电路相同，只是在反接制动时增加了三个限流电阻 $R$。线路中 KM1 为正转运行接触器，KM2 为反接制动接触器，KS 为速度继电器，其轴与电动机轴相连（图中用点画线表示）。

合上电源开关 QS，电路的工作原理为：

1）单向起动：

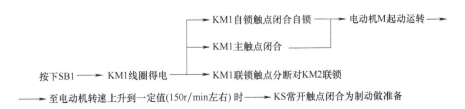

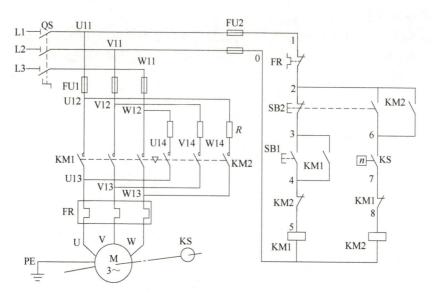

图 6-6 单向起动反接制动控制电路

2）反接制动：

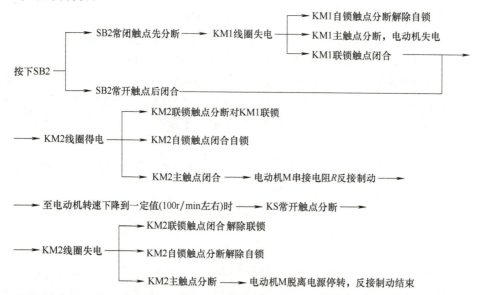

反接制动时，由于旋转磁场与转子的相对转速（$n_1+n$）很高，故转子绕组中感应电流很大，致使定子绕组中的电流很大，一般为电动机额定电流的 10 倍左右。因此，反接制动适用于 10kW 以下小功率电动机的制动，并且对 45kW 以上的电动机进行反接制动时，需要在定子绕组回路中串入限流电阻 R，以限制反接制动电流。限流电阻 R 的大小可参考下述经验计算公式进行估算。

在电源电压为 380V 时，若要使反接制动电流等于电动机直接起动时起动电流的 1/2，则三相电路每相应串入的电阻 R（Ω）值可取为

$$R \approx 15 \times 220/I_{st}$$

若要使反接制动电流等于起动电流 $I_{st}$，则每相应串入的电阻 R（Ω）值可取为

$$R \approx 13 \times 220/I\text{st}$$

如果反接制动时，只在电源两相中串接电阻，则电阻值应加大，分别取上述电阻值的1.5倍。

反接制动的优点是制动力强，制动迅速。它的缺点是制动准确性差，制动过程中冲击强烈，易损坏传动零件，制动能量消耗大，不宜经常制动。因此，反接制动一般适用于制动要求迅速、系统惯性较大、不经常起动与制动的场合，如铣床、镗床和中型车床等主轴的制动控制。

### 实训 6-2  三相异步电动机反接制动控制电路安装与调试

#### 1. 工具、仪表及器材

（1）工具  常用电工工具一套，压线钳一把，剥线钳一把。

（2）仪表  MF47型指针式万用表或数字式万用表一只。

（3）器材  三相笼型异步电动机1台，交流接触器1个，小型三相低压断路器1个，三位按钮盒1个，指示灯2个，熔断器及熔管各5个，网孔板1个，连接导线3盘（红色、黑色和黄绿色），熔断器熔体5个，三相五线制电源一处，针式及U形冷压片、线号管、线槽、网孔板卡扣、扎带、木螺钉、电源连接线和电动机连接线若干。具体型号见表6-2。

表6-2  反接制动控制电路器材清单

| 序号 | 名称 | 型号与规格 | 数量 |
|---|---|---|---|
| 1 | 三相笼型异步电动机 | Y112M—4，4kW，380V，8.8A | 1台 |
| 2 | 熔断器 | RT28—32，500V，配20A和4A熔体 | 5只 |
| 3 | 小型三相低压断路器 | DZ47—63，380V，20A | 1只 |
| 4 | 交流接触器 | CJX1—9/22，线圈电压380V | 1只 |
| 5 | 热继电器 | JR36—20或NR4—63，整定电流9.6A | 1只 |
| 6 | 按钮 | LA4—3H | 1只 |
| 7 | 端子板 | TB1510L | 1条 |
| 8 | 网孔板 | 800mm×800mm | 1个 |
| 9 | 线槽 | 40mm×60mm（蓝色或灰色） | 若干 |
| 10 | 塑料软铜线 | BVR1.5mm²（黑色）；BVR1.0mm²（红色） | 若干 |
| 11 | 保护零线（PE） | BVR1.5mm²（黄绿双色） | 若干 |
| 12 | 线号管 | 自定 | 若干 |
| 13 | 导轨 | 35mm×100mm | 若干 |
| 14 | 冷压端子 | PTV1.25—13针式；SV1.25—3欧式U形 | 若干 |
| 15 | 扎带 | 150mm | 若干 |
| 16 | 木螺钉 | φ3mm×20mm；φ3mm×15mm | 若干 |
| 17 | 网孔板卡扣 | 电工实训网孔板专用塑料卡扣（蓝色） | 若干 |
| 18 | 速度继电器 | JY1型速度继电器 | 1个 |
| 19 | 制动电阻 |  | 3个 |

**2. 实训过程**

（1）准备工具、器材　熟悉电气原理图、电器布置图和电气接线图，准备电工工具及仪表，根据表6-2器材清单准备器材。

（2）检查电器元件

1）检查所用电器元件的外观应完整无损，附件、备件齐全。

2）在不通电的情况下，用万用表检查电器触点分、合情况。

3）在不通电的情况下，用手同时按下接触器的三个主触点，注意用力要均匀。检查操作机构是否灵活，有无衔铁卡阻现象。用万用表检查交流接触器线圈的通断情况，若线圈直流电阻为零，则线圈短路；若为∞，则线圈断路。出现以上两种情况均不能使用。正常情况是线圈直流电阻显示一定的阻值。

4）在不通电的情况下，检查熔断器熔体是否断开或烧坏。

5）检查接触器线圈电压等级、额定电流和触点数目是否与控制要求相符。

（3）安装电器元件

1）检测完电器元件后，根据布置图尺寸进行布局，切割导轨、线槽，要求导轨、线槽要横平竖直，无毛边。两根线槽如果直角搭在一起，线槽需要做45°处理。

2）安装导轨、线槽，要求横平竖直、安装牢固无松脱。

3）根据电器元件布局图进行安装，应符合产品说明书中规定的安装要求，以保证电器元件的正常工作，电器元件的布局应整体美观，并考虑电器元件之间的电磁干扰和发热性干扰，电器元件的布局要横平竖直、整齐排列。

某控制电路布线前的效果如图6-7所示。

（4）按图布线

1）根据电气接线图，按照先主后辅，从上到下，从左到右的顺序接线。注意布线要正确合理，冷压片要压接牢固，线号管线号方向一致，导线平直美观，接线正确牢固，接线时不可跨接，也不可漏铜过长，一个接线端子上的连接导线不能超过两根，一般只允许连接一根，一个冷压片只允许压接一根导线。

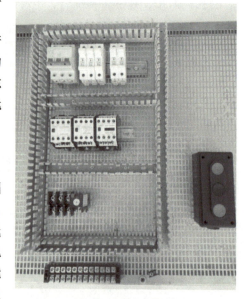

图6-7　某控制电路布线前的效果

2）电源线、电动机线及线路导线考虑到安全因素，便于区分及以后故障排除，导线颜色要遵循国家规定三相五线制导线颜色，分别是A线黄色，B线绿色，C线红色，N线蓝色，PE线黄绿双色。一般主电路布线采用黑色导线，控制电路布线采用红色导线。某控制电路电源电动机接线如图6-8所示。

（5）电路自检　安装完毕的控制电路，必须认真检查后才允许通电试运行。

1）检查导线连接的正确性。按照电气原理图或电气接线图，从电源端开始，逐段核对端子处线号是否正确，有无漏接、错接之处。检查导线接点是否符合要求，压接是否牢固。

## 项目6　三相异步电动机典型制动控制电路

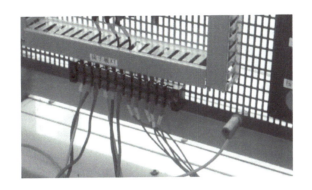

图6-8　某控制电路电源电动机接线

2）用万用表检查电路的通断情况，用万用表检测已布线完成的控制线路，如果测量结果与正确值不符，应根据电气原理图和电气接线图检查有无错误接线，包括主电路检测和控制电路检测。

① 主电路检测：用万用表直流电阻挡，把两个表笔放在端子板L1与V、W、L2与U、W、L3与U、V端上，如果万用表显示为0，则说明主电路接线短路，需要进行线路检查。如果万用表显示为1或∞，则主电路接线正确。

② 控制电路检测。用万用表直流电阻挡，把两个表笔放在控制电路熔断器的两个出线端上，此时万用表电阻显示为1或∞，如果按下点动控制线路点动按钮，则万用表显示一定阻值（不同电压等级接触器线圈电阻值不同），说明电路接线正确。此时如果万用表电阻值显示为0，说明控制电路接线短路，停止通电试运行，进行线路检查。

（6）通电试运行

1）通电试运行，遵循通电试运行步骤，其步骤为：

① 接线。先接保护接地线（按电动机地线、配电板地线和电源台地线的顺序），再接电动机线，最后接电源线（先接端子侧，再接电源侧）。

② 送电、验电（此处加报告考官口令：接线完毕，请求试运行！）。扣倒"有人工作，请勿合闸"的警示牌，合上电源开关，再合上组合开关，进行验电（熔断器负载侧）。

③ 试运行。按下起动按钮，按下停止按钮。

④ 断电、验电（此处加报告考官口令：试运行完毕，请求拆线！）。断开组合开关，断开电源开关。竖起"有人工作，请勿合闸"的警示牌，验电（接线端子电源线位置）。

⑤ 拆线。先拆电源线（先拆电源侧，再拆端子侧），再拆电动机线，最后拆保护接地线（按电源台地线、配电板地线和电动机地线的顺序）。

2）在指导教师监护下试运行。合上实训台断路器，合上配电盘断路器，按下按钮SB1，电动机起动运行。如果发现电器动作异常，电动机不能正常运转，必须马上松开SB1，并断电进行检修。注意不允许带电检查。通电试运行完毕，按操作步骤断电、验电和拆线，清理工作台位，清点工具。

（7）注意事项

① 操作时要胆大、心细和谨慎，不许用手触及各电器元件的导电部分及电动机的转动部分，以免触电及意外损伤。

② 只有在断电的情况下，方可用万用表欧姆挡检查线路的接线是否正确。
③ 在观察电器动作情况时，绝对不能用手触摸元器件。
④ 在主电路接线时，一定要注意各相之间的连线不能混淆，不然会导致相间短路。
⑤ 操作者如果是左手习惯，在通电试运行及验电过程中，采用右手来完成。

### 3. 职业素养

1）"7S"是整理、整顿、清扫、清洁、素养、安全和节约，"7S"职业素养进课堂、进实训场地。

2）实训课前，准备好电工工具、学习资料，穿工装、绝缘鞋列队进入实训场地。

3）实训期间，按照岗位操作标准和安全操作规范进行实训操作练习，节约实训耗材。

4）实训结束，收好工具、仪器仪表，整理实训台，清理现场，做好维修记录。

### 4. 评分标准

评分标准见表6-3。

表6-3 评分标准

| 项目内容 | 配分 | 评分标准 | | 扣分 |
|---|---|---|---|---|
| 选用工具、仪表及器材 | 15分 | （1）工具、仪表少选或错选 | 每个扣2分 | |
| | | （2）电器元件选错型号和规格 | 每个扣4分 | |
| | | （3）选错元件数量或型号规格没有写全 | 每个扣2分 | |
| 装前检查 | 5分 | 电器元件漏检或错检 | 每处扣1分 | |
| | | 电动机质量检测 | 每处扣2分 | |
| 安装 | 10分 | （1）电器布置不合理 | 扣5分 | |
| | | （2）电器元件布置不整齐、不匀称、不合理 | 每只扣4分 | |
| | | （3）电器元件安装不牢固 | 每只扣5分 | |
| | | （4）电器元件损坏 | 扣15分 | |
| 布线 | 20分 | （1）走线槽安装不符合工艺要求 | 每处扣2分 | |
| | | （2）电路图接线错误 | 每处扣15分 | |
| | | （3）布线不符合规定 | 每根扣3分 | |
| | | （4）损伤导线的绝缘层或线芯 | 每个扣5分 | |
| | | （5）接点松动、露铜过长、反圈、压绝缘层等 | 每个扣2分 | |
| | | （6）编码套管漏装或套错 | 每个扣1分 | |
| | | （7）漏接接地线 | 扣10分 | |
| 故障分析 | 10分 | （1）不熟悉电器元件原理 | 扣10分 | |
| | | （2）不了解电器元件位置 | 每个扣5分 | |
| | | （3）故障分析、排除故障思路不正确 | 每个扣5~10分 | |
| | | （4）标错电路故障范围 | 每个扣5分 | |

（续）

| 项目内容 | 配分 | 评分标准 | | 扣分 |
|---|---|---|---|---|
| 排除故障 | 20分 | （1）不断电验电 | 扣5分 | |
| | | （2）工具及仪表使用不当 | 每次扣5分 | |
| | | （3）排除故障的顺序不对 | 扣5分 | |
| | | （4）不能查出故障点 | 每个扣10分 | |
| | | （5）查出故障点，但不能排除 | 每个故障扣5分 | |
| | | （6）产生新的故障 | | |
| | | 　　不能排除 | 每个扣10分 | |
| | | 　　已经排除 | 每个扣5分 | |
| | | （7）损坏电动机 | 扣20分 | |
| | | （8）损坏电器元件，或排除故障方法不正确 | 每只（次）扣5~20分 | |
| 通电试运行 | 20分 | （1）热继电器未整定或整定错误 | 扣5分 | |
| | | （2）熔体规格选用不当 | 扣5分 | |
| | | （3）第一次试运行不成功 | 扣10分 | |
| | | （4）第二次试运行不成功 | 扣15分 | |
| | | （5）第三次试运行不成功 | 扣20分 | |
| 安全文明生产 | | （1）违反安全文明生产规程 | 扣10~70分 | |
| | | （2）乱线敷设 | 加扣不安全分10分 | |
| 工时4h | | 训练不允许超时，若在修复故障过程中才允许超时，每超1min | 扣5分 | |
| 备注 | | 除定额时间外，各项内容的最高扣分不得超过配分数 | 成绩 | |
| 开始时间 | | 结束时间 | 实际时间 | |

## 任务3　三相异步电动机能耗制动控制电路分析

### ▶ 知识目标

1）掌握整流的工作原理。
2）掌握能耗制动控制电路的工作原理。
3）掌握三相异步电动机能耗制动控制电路的构成。

### ▶ 技能目标

1）能够绘制三相异步电动机能耗制动控制电路。
2）能够安装三相异步电动机能耗制动控制电路。
3）能够正确使用常用低压电器。

➢ **培养目标**

1)培养学生的职业素养以及职业道德,培养学生按"7S"(整理、整顿、清扫、清洁、素养、安全、节约)标准工作的良好习惯。

2)培养学生具备善于观察,主动学习,能够分析问题、解决问题的能力,学会获取新知识、新技能的学习能力。

3)学生的团队合作能力、专业技术交流的表达能力。

4)具备"7S"的能力和意识。

## 一、能耗制动原理

在图6-9所示电路中,断开电源开关QS1,切断电动机的交流电源后,这时转子仍沿原方向惯性运转;随后立即合上开关QS2,并将QS1向下合闸,电动机V、W两相定子绕组通入直流电,使定子中产生一个恒定的静止磁场,这样做惯性运转的转子因切割磁力线而在转子绕组中产生感应电流,其方向用右手定则判断,如图6-9b所示。转子绕组中一旦产生感应电流,就会立即受到静止磁场的作用,产生电磁转矩,用左手定则判断可知,此转矩的方向正好与电动机的转向相反,使电动机制动迅速停转。

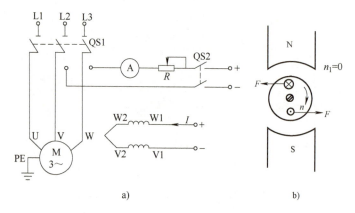

图6-9 能耗制动原理电路

a) 接线情况 b) 静止磁场

由以上分析可知,这种制动方法是在电动机切断交流电源后,通过立即在定子绕组的任意两相中通入直流电,以消耗转子惯性运转的动能来进行制动的,所以称为能耗制动,又称为动能制动。

## 二、单向起动能耗制动控制电路

### 1. 无变压器单相半波整流单向起动能耗制动控制电路

无变压器单相半波整流单向起动能耗制动控制电路如图6-10所示,线路采用单相半波整流器作为直流电源,所用附加设备较少,线路简单,成本低,常用于10kW以下小功率电动机,且对制动要求不高的场合。

图6-10中,KT常开触点的作用:当KT出现线圈断线或机械卡住等故障时,按下SB2能使电动机制动后脱离直流电源。

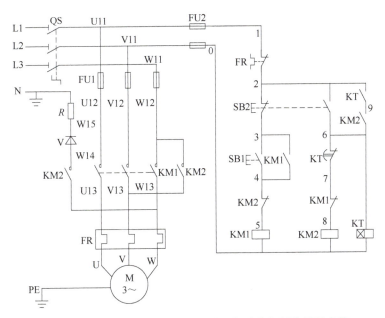

图 6-10 无变压器单相半波整流单向起动能耗制动控制电路

合上电源开关 QS，电路的工作原理为：

1）单向起动运转：

2）能耗制动：

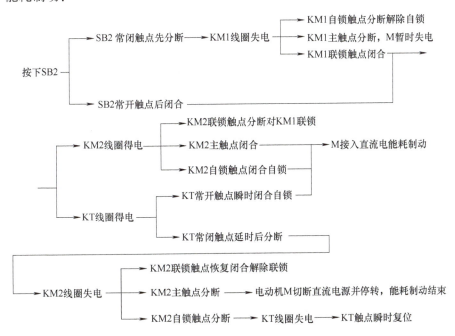

## 2. 有变压器单相桥式整流单向起动能耗制动控制电路

对于 10kW 以上功率的电动机，多采用有变压器单相桥式整流单向起动能耗制动控制电路，如图 6-11 所示。其中直流电源由单相桥式整流器 VC 供给，TC 是整流变压器，电阻 R 用来调节直流电流，从而调节制动强度，整流变压器一次侧与整流变压器的直流侧同时进行切换，有利于提高触点的使用寿命。

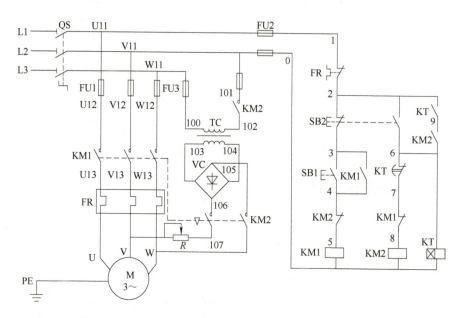

图 6-11　有变压器单相桥式整流单向起动能耗制动控制电路

能耗制动的优点是制动准确、平稳，且能量消耗较小。它的缺点是需要附加直流电源装置，设备费用较高，制动力较弱，在低速时制动力矩小。因此能耗制动一般用于要求制动准确、平稳的场合，如磨床、立式铣床等控制线路中。

## 3. 能耗制动所需直流电源

一般用以下方法估算能耗制动所需的直流电源，具体步骤（以常用的单相桥式整流电路为例）：

1）测量电动机三根进线中任意两根之间的电阻 $R$。

2）测量电动机的进线空载电流 $I_0$。

3）计算能耗制动所需的直流电流 $I_L = KI_0$。

$K$ 一般取 $3.5 \sim 4$。若考虑到电动机定子绕组的发热情况，并使电动机达到比较满意的制动效果，对转速高、惯性大的传动装置可取其上限。

4）计算单相桥式整流电源变压器参数。其中二次绕组电压和电流有效值分别为

$$U_2 = U_L/0.9$$
$$I_2 = I_L/0.9$$

变压器计算容量为

$$S = U_2 I_2$$

如果制动不频繁，可取变压器实际容量为

项目6 三相异步电动机典型制动控制电路

$$S' = (1/4 \sim 1/3)S$$

5）可调电阻 $R \approx 2\Omega$，电阻功率实际选用时，电阻功率的值也可适当选小一些。

## 实训 6-3 单向起动能耗制动控制电路安装与调试

### 1. 工具、仪表及器材

（1）工具　常用电工工具一套，压线钳一把，剥线钳一把。

（2）仪表　MF47 型指针式万用表或数字式万用表一只。

（3）器材　三相笼型异步电动机 1 台，交流接触器 1 个，小型三相低压断路器 1 个，三位按钮盒 1 个，指示灯 2 个，熔断器及熔管各 5 个，网孔板 1 个，连接导线 3 盘（红色、黑色和黄绿色），熔断器熔体 5 个，三相五线制电源一处，针式及 U 形冷压片、线号管、线槽、网孔板卡扣、扎带、木螺钉、电源连接线和电动机连接线若干。具体型号见表 6-4。

表 6-4 单向起动能耗制动控制电路器材清单

| 序号 | 名　称 | 型号与规格 | 数　量 |
|---|---|---|---|
| 1 | 三相异步电动机 | Y112M—4.4kW, 380V, 8.8A | 1台 |
| 2 | 熔断器 | RT28—32, 500V, 配20A和4A熔体 | 5只 |
| 3 | 低压断路器 | DZ47—63, 380V, 20A | 1只 |
| 4 | 交流接触器 | CJX1—9/22, 线圈电压380V | 2只 |
| 5 | 热继电器 | JR36—20 或 NR4—63，整定电流9.6A | 1只 |
| 6 | 按钮 | LA4—3H | 1只 |
| 7 | 端子板 | TB1510L | 1条 |
| 8 | 网孔板 | 800mm×800mm | 1个 |
| 9 | 线槽 | 40mm×60mm 蓝色或灰色 | 若干 |
| 10 | 塑料软铜线 | BVR1.5mm² 黑色；BVR1.0mm² 红色 | 若干 |
| 11 | 保护零线（PE） | BVR1.5mm² 黄绿双色 | 若干 |
| 12 | 线号管 | 自定 | 若干 |
| 13 | 导轨 | 35mm×100mm | 若干 |
| 14 | 冷压端子 | PTV1.25—13 针式；SV1.25—3 欧式 U 形 | 若干 |
| 15 | 扎带 | 150mm | 若干 |
| 16 | 木螺钉 | $\phi$3mm×20mm, $\phi$3mm×15mm | 若干 |
| 17 | 网孔板卡扣 | 电工实训网孔板专用塑料卡扣（蓝色） | 若干 |
| 18 | 整流器 | 2CZ30, 30A, 600V | 1个 |
| 19 | 制动电阻 | 0.5$\Omega$, 30W | 1个 |
| 20 | 时间继电器 | JS7—2A, 线圈电压380V | 1个 |

### 2. 实训过程

（1）准备工具、器材　熟悉电气原理图、电器布置图和电气接线图，准备电工工具及仪表，根据表 6-4 器材清单准备器材。

（2）检查电器元件

1）检查所用电器元件的外观应完整无损，附件、备件齐全。

2）在不通电的情况下，用万用表检查电器触点分、合情况。

3）在不通电的情况下，用手同时按下接触器的三个主触点，注意要用力均匀。检查操作机构是否灵活，有无衔铁卡阻现象。用万用表检查交流接触器线圈的通断情况，若线圈直流电阻为零，则线圈短路；若为∞，则线圈断路。出现以上两种情况均不能使用。正常情况是线圈直流电阻显示一定的阻值。

4）在不通电的情况下，检查熔断器熔体是否断开或烧坏。

5）检查接触器线圈电压等级、额定电流、触点数目是否与控制要求相符。

（3）安装电器元件

1）检测完电器元件后，根据布置图尺寸进行布局，切割导轨、线槽，要求导轨、线槽横平竖直，无毛边。两根线槽如果直角搭在一起，线槽需要做45°处理。

2）安装导轨、线槽，要求横平竖直，安装牢固无松脱。

3）根据电器元件布局图进行安装，应符合产品说明书中规定的安装要求，以保证电器元件的正常工作，电器元件的布局应整体美观，并考虑电器元件之间的电磁干扰和发热性干扰，电器元件的布局要横平竖直、整齐排列。

（4）安装与布线

1）根据电气接线图，按照先主后辅、从上到下和从左到右的顺序接线，注意布线要正确合理，冷压片要压接牢固，线号管线号方向一致，导线平直美观，接线正确牢固，接线时不可跨接，也不可漏铜过长，一个接线端子上的连接导线不能超过两根，一般只允许连接一根，一个冷压片只允许压接一根导线。

2）电源线、电动机线及线路导线考虑到安全因素，便于区分及以后故障排除，导线颜色要遵循国家规定三相五线制导线颜色，分别是 A 线黄色，B 线绿色，C 线红色，N 线蓝色，PE 线黄绿双色。一般主电路布线采用黑色导线，控制电路布线采用红色导线。

（5）电路自检　安装完毕的控制电路，必须经过认真检查后才允许通电试运行。

1）检查导线连接的正确性。按照电气原理图或电气接线图，从电源端开始，逐段核对端子处线号是否正确，有无漏接、错接之处。检查导线接点是否符合要求，压接是否牢固。

2）用万用表检查电路的通断情况，用万用表检测已布线完成的控制线路，如果测量结果与正确值不符，应根据电气原理图和电气接线图检查有无错误接线，包括主电路检测和控制电路检测。

① 主电路检测：用万用表直流电阻挡，把两个表笔放在端子板 L1 与 V、W、L2 与 U、W、L3 与 U、V 端上。如果万用表电阻显示为 0，则说明主电路接线短路，需要进行线路检查。如果万用表电阻显示为 1 或 ∞，则主电路接线正确。

② 控制电路检测：用万用表直流电阻挡，把两个表笔放在控制电路熔断器的两个出线端上，此时万用表电阻显示为 1 或 ∞，如果按下点动控制线路点动按钮，则万用表显示一定阻值（不同电压等级接触器线圈电阻值不同），说明电路接线正确，此时如果万用表显示电阻值为 0，说明控制电路接线短路。停止通电试运行，进行线路检查。

3）通电试运行，遵循通电试运行步骤，步骤如下：

① 接线。先接保护接地线（按电动机地线、配电板地线和电源台地线的顺序），再接电

动机线,最后接电源线(先接端子侧,再接电源侧)。

② 送电、验电(此处加报告考官口令:接线完毕,请求试车!)。扣倒"有人工作,请勿合闸"的警示牌,合上电源开关,再合上组合开关,进行验电(熔断器负载侧)。

③ 试运行。按下起动按钮,按下停止按钮。

④ 断电、验电(此处加报告考官口令:试运行完毕,请求拆线!)。断开组合开关,断开电源开关,竖起"有人工作,请勿合闸"的警示牌,验电(接线端子电源线位置)。

⑤ 拆线。先拆电源线(先拆电源侧,再拆端子侧),再拆电动机线,最后拆保护接地线(按电源台地线、配电板地线和电动机地线的顺序)。

4)在指导教师监护下试运行。合上实训台断路器,合上配电盘断路器。按下按钮 SB1,电动机起动运行。如果发现电器动作异常、电动机不能正常运转时,必须马上松开 SB1,并断电进行检修。注意不允许带电检查。通电试运行完毕,按操作步骤断电、验电和拆线,清理工作台位,清点工具。

(6)注意事项

1)操作时要胆大、心细和谨慎,不许用手触及各电器元件的导电部分及电动机的转动部分,以免触电及意外损伤。

2)只有在断电的情况下,方可用万用表欧姆挡检查线路的接线正确与否。

3)观察电器动作情况时,绝对不能用手触摸元器件。

4)主电路接线时一定要注意各相之间的连线不能混淆,不然会导致相间短路。

5)操作者如果是左手习惯,在通电试运行验电过程中,采用右手来完成。

### 3. 职业素养

1)"7S"是整理、整顿、清扫、清洁、素养、安全和节约,"7S"职业素养进课堂、进实训场地。

2)实训课前,准备好电工工具、学习资料,穿工装、绝缘鞋列队进入实训场地。

3)实训期间,按照岗位操作标准和安全操作规范进行实训操作练习,节约实训耗材。

4)实训结束,收好工具、仪器仪表,整理实训台,清理现场,做好维修记录。

### 4. 评分标准

评分标准见表 6-5。

表 6-5 评分标准

| 项 目 | 配分 | 评分标准 | | 扣分 |
| --- | --- | --- | --- | --- |
| 安装电器元件 | 30 分 | (1)不按布置图安装 | 每只扣 10 分 | |
| | | (2)电器元件安装不牢固 | 每只扣 4 分 | |
| | | (3)电器元件安装不整齐、不匀称、不合理 | 每只扣 3 分 | |
| | | (4)损坏电器元件 | 每只扣 15 分 | |
| 布线 | 30 分 | (1)不按接线图接线 | 每处扣 10 分 | |
| | | (2)布线不符合要求 | 每处扣 4 分 | |
| | | (3)接点松动,露铜过长,反圈等 | 每处扣 3 分 | |
| | | (4)漏画导线或线号 | 每处扣 15 分 | |

（续）

| 项　　目 | 配分 | 评 分 标 准 | | 扣分 |
|---|---|---|---|---|
| 通电试运行 | 40分 | （1）第一次试运行不成功<br>（2）第二次试运行不成功<br>（3）第三次试运行不成功 | 扣10分<br>扣20分<br>扣30分 | |
| 安全、文明操作 | | 违反安全文明生产规程 | 扣5~40分 | |
| 定额时间 | | 60min，每超时5min（不足5min以5min计） | 扣5分 | |
| 备注 | | 除定额时间外，各项目的最高扣分不应超过配分数 | 成绩 | |
| 开始时间 | | 结束时间 | | 实际时间 | |

# 项目7
# 双速电动机控制电路

## 任务　双速电动机原理

➢ **知识目标**

1）了解双速异步电动机定子绕组的连接方式。
2）掌握双速异步电动机控制电路的工作原理。
3）掌握电气故障的排查方法。

➢ **技能目标**

1）能够正确识读电气控制图样。
2）能够操作双速异步电动机控制系统。
3）能够正确使用常用低压电器。
4）能够分析双速异步电动机控制电路的工作原理。

➢ **培养目标**

1）培养学生的职业素养以及职业道德，培养学生按"7S"（整理、整顿、清扫、清洁、素养、安全和节约）标准工作的良好习惯。
2）培养学生具备善于观察，主动学习，能够分析问题，解决问题的能力，学会获取新知识、新技能的学习能力。
3）学生的团队合作能力、专业技术交流的表达能力。
4）具备"7S"的能力和意识。

### 一、双速异步电动机定子绕组的连接方式

由三相异步电动机的转速公式 $n=(1-s)60f_1/p$ 可知，改变异步电动机转速可以通过三种方法实现：一是改变 $f_1$；二是改变 $s$；三是改变磁极对数 $p$。

改变异步电动机磁极对数的调速方法称为变极调速，变极调速是通过改变定子绕组的连接方式来实现的，是有级调速，而且只适用于笼型异步电动机。磁极对数可以改变的电动机称为多速电动机。常见的多速电动机有双速、三速、四速等几种类型。

双速异步电动机定子绕组的△/YY联结如图7-1所示，三相定子绕组接成△联结，由三个连接点接出三个出线端U1、V1和W1，再从每相绕组的中点各接出三个出线端U2、V2

和 W2，这样定子绕组共有 6 个出线端。通过改变 6 个出线端与电源的连接方式，就可以得到两种不同的转速。

电动机低速工作时，把三相电源分别接在出线端 U1、V1 和 W1 上，另外三个出线端空着不接，此时电动机定子绕组接成△联结，磁极对数为 2，同步转速为 1500r/min。

电动机高速工作时，把三个出线端 U1、V1 和 W1 接在一起，三相电源分别接到另外三个出线端 U2、V2 和 W2 上，这时电动机定子绕组接成 丫丫联结，磁极对数为 1，同步转速为 3000r/min。

注意：接法改变时，必须保证相序一致，以保证电动机的旋转方向不变。

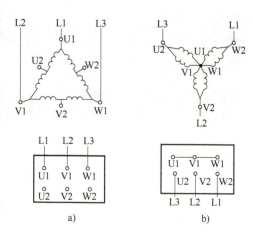

图 7-1 双速异步电动机定子绕组 △/丫丫联结
a）低速—△联结（4 极） b）高速—丫丫联结（2 极）

## 二、双速异步电动机控制电路工作原理

**1. 接触器控制双速异步电动机控制电路**（见图 7-2）

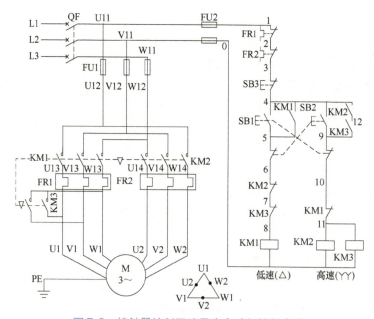

图 7-2 接触器控制双速异步电动机控制电路

该电路的工作原理：
（1）电动机△联结低速起动运转

（2）电动机YY联结高速运转

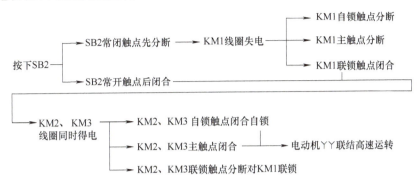

（3）停转　需要电动机停转时，按下 SB3 即可。

### 2. 时间继电器控制双速异步电动机控制电路

用时间继电器控制双速异步电动机低速起动高速运转控制电路如图 7-3 所示，时间继电器 KT 控制电动机△联结起动和△-YY的自动换接运转。

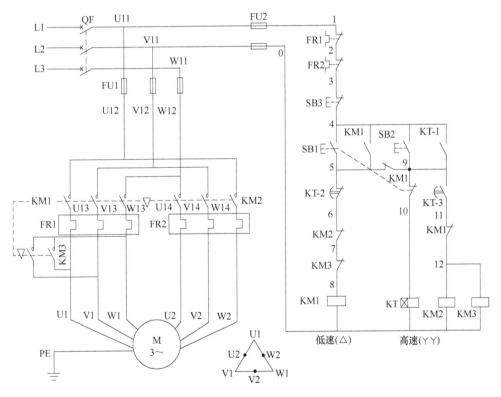

图 7-3　时间继电器控制双速异步电动机控制电路

该线路的工作原理：

（1）△联结低速起动运转

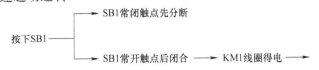

(2) YY联结高速运转

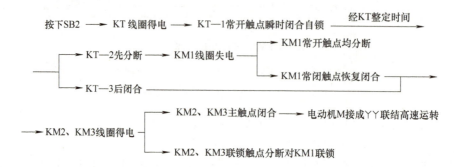

(3) 停止转动　停止时，按下 SB3 即可。

若电动机只需高速运转，可直接按下 SB2，则电动机△联结低速起动后，YY联结高速运转。

## 实训　接触器控制双速电动机控制电路安装与调试

### 1. 工具、仪表及器材

（1）工具　常用电工工具一套，压线钳一把，剥线钳一把。

（2）仪表　MF47型指针式万用表或数字式万用表一只。

（3）器材　三相笼型异步电动机1台，交流接触器1个，小型三相低压断路器1个，三位按钮盒1个，指示灯2个，熔断器及熔管各5个，网孔板1个，连接导线3盘（红色、黑色和黄绿色），熔断器熔体5个，三相五线制电源一处，针式及U形冷压片、线号管、线槽、网孔板卡扣、扎带、木螺钉、电源连接线和电动机连接线若干。具体型号见表7-1。

表 7-1　接触器控制双速电动机控制电路器材清单

| 序号 | 名称 | 型号与规格 | 数量 |
| --- | --- | --- | --- |
| 1 | 三相异步电动机 | YD112M—4/2，3.3kW/4kW，380V，7.4A/8.6A △/YY联结，1440r/min 或 2890r/min | 1台 |
| 2 | 熔断器 | RT28—32，500V，配20A和4A熔体 | 5只 |
| 3 | 低压断路器 | DZ47—63，380V，20A | 1只 |
| 4 | 交流接触器 | CJX1—9/22，线圈电压380V | 3只 |
| 5 | 热继电器 | JR36—20 或 NR4—63，整定电流9.6A | 2只 |
| 6 | 按钮 | LA4—3H | 3只 |
| 7 | 端子板 | TB1510L | 1条 |
| 8 | 网孔板 | 800mm×800mm | 1个 |
| 9 | 线槽 | 40mm×60mm（蓝色或灰色） | 若干 |
| 10 | 塑料软铜线 | BVR1.5mm$^2$（黑色），BVR1.0mm$^2$（红色） | 若干 |

(续)

| 序号 | 名　　称 | 型号与规格 | 数量 |
|---|---|---|---|
| 11 | 保护零线（PE） | BVR1.5mm² （黄绿双色） | 若干 |
| 12 | 线号管 | 自定 | 若干 |
| 13 | 导轨 | 35mm×100mm | 若干 |
| 14 | 冷压端子 | PTV1.25—13 针式，SV1.25—3 欧式 U 形 | 若干 |
| 15 | 扎带 | 150mm | 若干 |
| 16 | 木螺钉 | φ3mm×20mm；φ3mm×15mm | 若干 |
| 17 | 网孔板卡扣 | 电工实训网孔板专用塑料卡扣（蓝色） | 若干 |

**2．实训过程**

（1）准备工具、器材　熟悉电气原理图、电器布置图和电气接线图，准备电工工具及仪表，根据表 7-1 器材清单准备器材。

（2）检查电器元件

1）检查所用电器元件的外观应完整无损，附件、备件齐全。

2）在不通电的情况下，用万用表检查电器触点分、合情况。

3）在不通电的情况下，用手同时按下接触器的三个主触点，注意用力要均匀。检查操作机构是否灵活，有无衔铁卡阻现象。用万用表检查交流接触器线圈的通断情况，线圈直流电阻为零，则线圈短路；若为∞，则线圈断路，出现以上两种情况均不能使用。正常情况是线圈直流电阻显示一定的阻值。

4）在不通电的情况下，检查熔断器熔体是否断开或烧坏。

5）检查接触器线圈电压等级、额定电流和触点数目是否与控制要求相符。

（3）安装电器元件

1）检测完电器元件后，根据布置图尺寸进行布局，切割导轨、线槽，要求导轨、线槽要横平竖直，无毛边。两根线槽如果直角搭在一起，线槽需要做 45°处理。

2）安装导轨、线槽，要求横平竖直、安装牢固无松脱。

3）根据电器元件布局图进行安装，应符合产品说明书中规定的安装要求，以保证电器元件的正常工作。电器元件的布局应整体美观，并考虑电器元件之间的电磁干扰和发热性干扰，电器元件的布局要横平竖直、整齐排列。

（4）按图布线

1）接线时，注意主电路中接触器 KM1、KM2 在两种转速下电源相序的改变，不能接错，否则，两种转速下电动机的转向相反，换向时将产生很大的冲击电流。

2）控制双速电动机△联结的接触器 KM1 和丫丫联结的 KM2 的主触点不能对换接线，否则不但无法实现双速控制要求，而且会在丫丫联结运转时造成电源短路事故。

3）热继电器 FR1、FR2 的整定电流及其在主电路中的接线不要搞错。

（5）电路自检　安装完毕的控制电路，必须认真检查后才允许通电试运行。

1）检查导线连接的正确性　按照电气原理图或电气接线图，从电源端开始，逐段核对端子处线号是否正确，有无漏接、错接之处。检查导线接点是否符合要求，压接是否牢固。

2）用万用表检查电路的通断情况，用万用表检测已布线完成的控制线路，如果测量结果与正确值不符，应根据电气原理图和电气接线图检查有无错误接线，包括主电路检测和控制电路检测。

① 主电路检测：用万用表直流电阻挡，把两个表笔放在端子板 L1 与 V、W、L2 与 U、W、L3 与 U、V 端上，如果万用表电阻显示为 0，说明主电路接线短路，需要进行线路检查。如果万用表电阻显示为 1 或 ∞，则主电路接线正确。

② 控制电路检测：用万用表直流电阻挡，把两个表笔放在控制电路熔断器的两个出线端上。此时万用表电阻显示为 1 或 ∞，如果按下点动控制线路点动按钮，则万用表显示一定阻值（不同电压等级接触器线圈电阻值不同），说明电路接线正确，此时如果万用表电阻值显示为 0，说明控制电路接线短路。停止通电试运行，进行线路检查。

（6）通电试运行

1）通电试运行，遵循通电试运行步骤，步骤为：

① 接线。先接保护接地线（按电动机地线、配电板地线和电源台地线的顺序），再接电动机线，最后接电源线（先接端子侧，再接电源侧）。

② 送电、验电（此处加报告考官口令：接线完毕，请求试车！）。扣倒"有人工作，请勿合闸"的警示牌，合上电源开关，再合上组合开关，进行验电（熔断器负载侧）。

③ 试运行。按下起动按钮，按下停止按钮。

④ 断电、验电（此处加报告考官口令：试运行完毕，请求拆线！）。断开组合开关，断开电源开关。竖起"有人工作，请勿合闸"的警示牌，验电（接线端子电源线位置）。

⑤ 拆线。先拆电源线（先拆电源侧，再拆端子侧），再拆电动机线，最后拆保护接地线（按电源台地线、配电板地线和电动机地线的顺序）。

2）在指导教师监护下试运行。合上实训台低压断路器，合上配电盘低压断路器。按下按钮 SB1，电动机△联结起动低速运行。如果发现电器动作异常、电动机不能正常运转时，必须马上松开 SB1，并断电进行检修。同样，按下按钮 SB2，电动机 YY 联结高速起动运行。如果出现异常、电动机不能正常运转时，必须马上松开 SB2，并断电进行检修。注意不允许带电检查。通电试运行完毕，按操作步骤断电、验电和拆线，清理工作台位，清点工具。

（7）注意事项

1）操作时要胆大、心细和谨慎，不许用手触及各电器元件的导电部分及电动机的转动部分，以免触电及意外损伤。

2）只有在断电的情况下，方可用万用表欧姆挡检查线路的接线是否正确。

3）观察电器动作情况时，绝对不能用手触摸元器件。

4）主电路接线时，一定要注意各相之间的连线不能混淆，不然会导致相间短路。

5）操作者如果是左手习惯，在通电试运行及验电过程中，采用右手完成。

### 3. 职业素养

1）"7S"是整理、整顿、清扫、清洁、素养、安全和节约，"7S"职业素养进课堂、进实训场地。

2）实训课前，准备好电工工具、学习资料、穿工装、绝缘鞋列队进入实训场地。

3）实训期间，按照岗位操作标准和安全操作规范，进行实训操作练习，节约实训耗材。

4）实训结束，收好工具、仪器仪表，整理实训台，清理现场，做好维修记录。

## 4. 评分标准

评分标准见表7-2。

表7-2 评分标准

| 项　　目 | 配分 | 评 分 标 准 | | 扣分 |
|---|---|---|---|---|
| 安装电器元件 | 30分 | （1）不按布置图安装 | 每只扣10分 | |
| | | （2）电器元件安装不牢固 | 每只扣4分 | |
| | | （3）电器元件安装不整齐，不匀称，不合理 | 每只扣3分 | |
| | | （4）损坏电器元件 | 每只扣15分 | |
| 布线 | 30分 | （1）不按接线图接线 | 每处扣10分 | |
| | | （2）布线不符合要求 | 每处扣4分 | |
| | | （3）接点松动，露铜过长，反圈等 | 每处扣3分 | |
| | | （4）漏画导线或线号 | 每处扣15分 | |
| 通电试运行 | 40分 | （1）第一次试运行不成功 | 扣10分 | |
| | | （2）第二次试运行不成功 | 扣20分 | |
| | | （3）第三次试运行不成功 | 扣30分 | |
| 安全、文明操作 | | 违反安全文明生产规程 | 扣5~40分 | |
| 定额时间 | | 60min，每超时5min（不足5min以5min计） | 扣5分 | |
| 备注 | | 除定额时间外，各项目的最高扣分不应超过配分数 | 成绩 | |
| 开始时间 | | 结束时间 | 实际时间 | |

# 项目8
# 电气控制系统设计

## 任务1　掌握电气控制系统设计的原则、内容及步骤

### ➢ 知识目标

1）了解电气控制系统设计的原则。
2）掌握电气控制系统设计的内容。
3）掌握电气控制系统设计的步骤。
4）掌握电气控制的图例符号。

### ➢ 技能目标

1）能够选择电气控制系统设计方案。
2）能够进行电动机的选型。
3）能够进行电器元件的选型。

### ➢ 培养目标

1）培养学生的职业素养以及职业道德，培养学生按"7S"（整理、整顿、清扫、清洁、素养、安全和节约）标准工作的良好习惯。
2）培养学生具备善于观察，主动学习，能够分析问题、解决问题的能力，学会获取新知识、新技能的学习能力。
3）学生的团队合作能力，专业技术交流的表达能力。
4）具备"7S"的能力和意识。

电气控制系统设计包括电气原理图设计和电气工艺设计两部分。电气原理图设计是为了满足生产机械及其工艺要求而进行的电气控制线路的设计；电气工艺设计是为电气控制装置的制造、使用、运行及维修的需要而进行的生产施工设计。在熟练掌握电气控制线路基本环节并能够对一般生产机械电气控制线路进行分析的基础上，应进一步学习一般生产机械电气控制系统设计和施工的相关知识，全面了解电气控制的内容，为今后从事电气控制工作打下坚实的基础。本章讨论电气控制的设计过程和设计过程中存在的一些共性问题，也对电气控制装置的施工设计和施工的有关问题进行介绍。

## 一、电气控制设计的原则和内容

### 1. 电气控制设计的原则

设计工作的首要问题是树立正确的设计思想及工程实践的观点，使设计的产品经济、实用、可靠、先进、使用及维修方便等。在电气控制设计中，应遵循以下原则：

1）最大限度地满足生产机械和生产工艺对电气控制的要求，这些要求是电气控制设计的依据。设计前，应深入现场进行调查，搜集资料，并与生产过程的有关人员、机械部分设计人员和实际操作者多沟通，明确控制要求，共同拟定电气控制方案。协同解决设计中的各种问题，使设计成果满足要求。

2）在满足控制要求的前提下，力求电气控制系统简单、经济、合理、便于操作、维修方便和安全可靠，不盲目追求自动化水平和各种控制参数的高指标。

3）正确、合理地选用电器元件，确保电气控制系统正常工作，同时考虑技术进步、造型美观等因素。

4）为适应生产的发展和工艺的改进，设备能力应留有适当裕量。

### 2. 电气控制设计的基本内容

电气控制系统设计的基本内容是根据控制要求，设计和编制出电气设备制造和使用维修中必备的图样和资料等。图样常用的有电气原理图、元器件布置图、安装接线图和控制面板图等。资料主要有元器件清单及设备使用说明书等。

电气控制系统设计有电气原理图设计和电气工艺设计两部分，现以电力拖动控制设备为例，各部分设计内容为：

（1）电气原理图设计内容

1）拟定电气设计任务书，明确设计要求。

2）选择电力拖动方案和控制方式。

3）确定电动机类型、型号、功率和转速。

4）设计电气控制原理图。

5）选择电器元件，拟定元器件清单。

6）编写设计计算说明书。

电气原理图是电气控制系统设计的中心环节，是工艺设计和编制其他技术资料的依据。

（2）电气工艺设计内容

1）根据设计出的电气原理图和选定的电器元件，设计电气设备的总体配置，绘制电气控制系统的总装配图和总接线图。总装配图反映电动机、执行电器、电器柜各组件、操作台布置、电源以及检测元器件的分布情况与各部分之间的接线关系及连接方式，以便总装、调试及日常维护使用。

2）绘制各组件电器元件布置图与安装接线图，表明各电器元件的安装方式和接线方式。

3）编写使用维护说明书。

## 二、电力拖动方案的确定和电动机的选择

电力拖动形式的选择是电气设计的主要内容之一，也是各部件设计的基础和先决条件。

一个电气传动系统一般由电动机、电源装置和控制装置三部分组成。设计时应根据生产机械的负载特性、工艺要求及环境条件和工程技术条件选择电力拖动方案。

**1. 电力拖动方案的确定**

首先根据生产机械的结构、运动情况和工艺要求，选择电动机的种类和数量；然后根据各运动部件的调速要求来选择调速方案。在选择电动机调速方案时，应使电动机的调速特性与负载特性相适应，使电动机获得合理充分的利用。

（1）拖动方式的选择　电力拖动方式有单独拖动与集中拖动两种。电力拖动的发展趋向是电动机接近工作机构，形成多电动机的拖动方式。这样不仅能缩短机械传动链，提高传动效率，便于实现自动控制，而且也能使总体结构简化。所以，应根据工艺要求与结构情况决定电动机的数量。

（2）调速方案的选择　一般生产机械根据生产工艺要求都需要转速调节，不同生产机械有不同的调速范围和调速精度，为满足不同的调速要求，应采用不同的调速方案，例如：可采用机械变速、多速电动机变速和变频调速等。随着交流调速技术的不断发展，变频调速已成为各种机械设备调速的主流方式。

（3）电动机调速性质应与负载特性相适应　机械设备的各个工作机构，具有各自不同的负载特性，如机床的主运动为恒功率负载运动，而进给运动为恒转矩负载运动。在选择电动机调速方案时，应使电动机的调速性质与拖动生产机械的负载性质相适应，使电动机的性能得到充分发挥。如双速笼型异步电动机，当定子绕组由三角形联结改成双星形联结时，转速增加一倍，功率却增加很少，因此适用于恒功率传动；低速时为星形联结的双速电动机改接成双星形联结后，转速和功率都增加一倍，而电动机输出的转矩保持不变，因此适用于恒转矩传动。

**2. 拖动电动机的选择**

电动机的选择包括选择电动机的种类、结构形式及各种额定参数。

（1）电动机选择的基本原则

1）电动机的机械特性应满足生产机械的要求，要与负载的特性相适应，保证运行稳定且具有良好的起动性能和制动性能。

2）工作过程中电动机功率应该能够得到充分利用，而且使其温升尽可能达到或接近额定温升值。

3）在满足设计要求的前提下，优先采用结构简单，价格便宜，使用维护方便的三相异步电动机。

（2）根据生产机械调速要求选择电动机　在一般情况下选用三相笼型异步电动机或双速三相异步电动机；在既要求能够进行一般调速，又要求起动转矩大的情况下，可选用三相绕线转子异步电动机；当调速要求高时，选用直流电动机或带变频调速的交流电动机来实现。

（3）电动机结构形式的选择　按生产机械不同的工作机制相应选择连续工作、短时及断续周期性工作制的电动机。

按安装方式有卧式或立式两种，由拖动生产机械具体拖动情况来决定。

根据不同工作环境选择电动机的防护形式。例如：开启式电动机适用于干燥、清洁的环境；防护式电动机则适用于干燥和灰尘不多，没有腐蚀性和爆炸性气体的环境；封闭自扇冷式与他扇冷式电动机用于潮湿、多腐蚀性灰尘、多风雨侵蚀的环境；全封闭式电动机用于浸入水中的环境；隔爆式电动机用于有爆炸危险的环境中。

（4）电动机额定电压的选择　电动机额定电压应与供电电网的供电电源电压一致。一般低压电网的电压为380V，因此中小型三相异步电动机额定电压为220/380V及380/660V两种。当电动机功率较大时，可选3kV、6kV及10kV的高压三相电动机。

（5）电动机额定转速的选择　对于额定功率相同的电动机，额定转速越高，电动机尺寸、重量和成本越低，因此在生产机械所需转速一定的情况下，选用高速电动机较为经济。但是，由于拖动电动机转速越高，传动机构转速比越大，传动机构越复杂。因此，应综合考虑电动机与传动机构两方面的多种因素来确定电动机的额定转速，通常采用较多的是同步转速为1500r/min的三相异步电动机。

（6）电动机功率的选择　电动机功率反映了它的负载能力，与电动机的允许温升和过载能力有关。允许温升是电动机拖动负载时允许的最高温升，与绝缘材料的耐热性能有关；过载能力是电动机所能带最大负载的能力，在直流电动机中受整流条件限制，在交流电动机中由电动机最大转矩决定。实际上，电动机的额定功率由允许温升决定。

电动机功率的选择方法有两种，一是分析计算法，二是调查统计类比法。常用的分析计算法是根据生产机械负载图求出负载平均功率，按负载平均功率的1.1～1.6倍求出初选电动机的额定功率。对于系数，应根据负载变动情况确定：大负载所占分量多时，选较大系数；负载长时间不变或变化不大时，可选最小系数。

### 三、电气控制线路设计的一般要求

生产机械电气控制系统是生产机械的重要组成部分，对生产机械正确、安全可靠地工作起着决定性的作用。为此，必须正确、合理地设计电气控制电路。在设计生产机械电气控制线路时，应满足如下要求。

**1. 电气控制应最大限度地满足生产机械加工工艺的要求**

设计前，应对生产机械的工作性能、结构特点、运动情况、加工工艺过程及加工情况有充分的了解，在此基础上设计控制方案和控制方式，满足起动、制动、反向和调速的要求。设置必要的联锁与保护，确保满足生产机械加工工艺的要求。

**2. 对电气控制线路电流、电压的要求**

尽量减少电气控制线路中的电流、电压种类，控制电压应选择标准电压等级，常用电气控制电路的电压等级见表8-1。

表8-1　常用电气控制电路的电压等级

| 控制线路类型 | 常用的电压值/V | | 电源设备 |
| --- | --- | --- | --- |
| 较简单的交流电力传动控制线路 | 交流 | 380、220 | 不用控制电源变压器 |
| 较复杂的交流电力传动控制线路 | | 110、48 | 采用控制电源变压器 |
| 照明及信号指示电路 | | 48、24、12、6 | 采用控制电源变压器 |
| 直流电力传动控制线路 | 直流 | 220、110 | 整流器或直流发电机 |
| 直流电磁铁及电磁离合器控制线路 | | 48、24、12 | 整流器 |

**3. 电气控制线路力求简单、经济**

1）尽最缩短连接导线的长度和导线数量。设计电气控制线路时，应考虑各电器元件的安装位置，尽可能地减少连接导线的数量，缩短连接导线的长度。

2）尽量减少电器元件的品种、数量和规格。同一用途的电器元件尽可能选用相同品牌、型号的产品，并且电器数量应减少到最低限度。

3）尽量减少电器元件触点的数量。在电气控制线路中，尽量减少触点的数量是为了提高线路运行的可靠性。在简化和合并触点的过程中，主要合并同类性质的触点。一个触点能够完成的动作，不用两个触点来完成。但是，在简化过程中应注意触点的额定容量是否允许，对其他回路有无影响等问题。

4）尽量减少通电电器的数量。电气控制线路运行时，尽可能减少通电电器的数量，以利于节能与延长电器元件的使用寿命和减少故障的发生。

### 4. 确保电气控制线路工作的安全性和可靠性

1）正确连接电器的线圈，在交流控制线路中，同时动作的两个电器线圈不能串联。

2）正确连接电器元件的触点，设计时，应使分布在电路中不同位置的同一电器触点接到电源的同一相上，以避免在电器触点上引起短路故障。

3）防止出现寄生电路（在电气控制线路的动作过程中，意外接通的电路叫作寄生电路）。

4）电气控制线路中控制触点应合理布置。

5）设计电气控制线路时应考虑继电器触点的接通与分断能力，若容量不够，可在控制线路中增加中间继电器或增加电路中触点的数量。若需增加接通能力，可用多触点并联；若需增加分断能力，可用多触点串联。

6）避免发生触点"竞争""冒险"现象，当电气控制线路状态发生变换时，常伴随电路中电器元件的触点状态发生变换。对于一个时序电路来说，往往发生不按时序动作的情况，触点争先吸合，就会得到几个不同的输出状态，这种现象称为电路的"竞争"。而对于开关电路，由于电器元件的释放延时作用，会出现开关元件不按要求的逻辑功能输出，这种现象称为"冒险"。

"竞争"与"冒险"都会造成电气控制线路不按要求动作，引起控制失灵。为此，应选用动作时间小的电器，当电器元件的动作时间影响到电气控制线路动作程序时，可采用时间继电器来配合控制，这样可清晰地反映元件动作时间和它们之间的相互配合，消除"竞争"与"冒险"。

7）采用电气联锁与机械联锁的双重联锁，对频繁操作的可逆控制电路，对正、反向接触器之间不仅采用电气联锁，还要加入机械联锁，以确保电路的安全运行。

### 5. 具有完善的保护环节

电气控制线路在发生事故的情况下，应能保证操作人员、电气设备和生产机械的安全，并能有效地防止事故扩大。电气控制线路应具有完善的保护环节，常用的有漏电保护、短路、过载、过电流、过电压、欠电压与零电压、弱磁、联锁与限位保护等，必要时还应考虑设置电压正常、安全、事故及各种运行的指示灯，反映电路工作情况，零电压、弱磁、联锁与限位保护等。

### 6. 要考虑操作、维修与调试的方便

电气控制线路设计应从操作与维修人员工作出发，力求操作简单、维修方便。如操作回路较多，既要电动机正反向运转又要求调速时，不宜采用按钮控制而应采用主令控制器控

制。为检修电路方便，设置隔离电气，避免带电操作；为调试电路方便，采用转换控制方式，如从自动方式转化为手动控制；为调试方便可采用多点控制等。

### 四、电气控制线路设计的方法与步骤

#### 1. 电气控制线路设计方法简介

设计电气控制线路的方法有两种，一是分析设计法，二是逻辑设计法。

分析设计法是根据生产工艺的要求选择一些成熟的典型基本环节来实现这些基本要求，而后再逐步完善其功能，并适当配置联锁和保护等环节，使其组合成一个整体，成为满足控制要求的完整电路。这种设计方法比较简单，容易掌握，但是要求设计人员必须掌握和熟悉大量的典型控制环节和控制线路，同时具有丰富的设计经验，故又称为经验设计法。

逻辑设计法是利用逻辑代数这一数学工具设计电气控制线路。由于在电气控制线路中继电器、接触器线圈的通电与断电，触点的闭合与断开，主令元件的接通与断开都是相互对立的物理状态，因此在逻辑代数中，把这种具有两个对立物理状态的量称为逻辑变量。用逻辑"1"和逻辑"0"表示这两个对立的物理状态。

#### 2. 分析设计法的基本步骤

电气控制线路是为整个电气设备和工艺过程服务的，所以在设计前应深入现场收集资料，对生产机械的工作情况作全面的了解，并对正在运行的同类或相接近的生产机械电气控制进行调查、分析，综合制定出具体、详细的工艺要求，在征求机械设计人员和现场操作人员意见后，作为电气控制线路设计的依据。分析设计法设计电气控制线路的基本步骤是：

1）按工艺要求提出的起动、制动、反向和调速等要求设计主电路。

2）根据所设计出的主电路，设计控制电路的基本环节，即满足设计要求的起动、制动、反向和调速等基本控制环节。

3）根据各部分运动要求的配合关系及联锁关系，确定控制参量并设计控制电路的特殊环节。

4）分析电路工作中可能出现的故障，加入必要的保护环节。

5）综合审查，仔细检查电气控制线路动作是否正确，关键环节可做必要试验，进一步完善和简化电路。

## 任务2 电气控制系统的施工设计与施工

### ➤ 知识目标

1）了解电气控制系统设计的原则。
2）掌握电气控制系统设计的内容。
3）掌握电气控制系统设计的步骤。
4）掌握电气控制的图例符号。

### ➤ 技能目标

1）能够选择电气控制系统设计方案。

2）能够进行电动机的选型。

3）能够进行电器元件的选型。

> **培养目标**

1）培养学生的职业素养以及职业道德，培养学生按"7S"（整理、整顿、清扫、清洁、素养、安全和节约）标准工作的良好习惯。

2）培养学生具备善于观察，主动学习，能够分析问题、解决问题的能力，学会获取新知识、新技能的学习能力。

3）学生的团队合作能力、专业技术交流的表达能力。

4）具备"7S"的能力和意识。

在完成电气控制线路设计之后，就应着手电气设备总体配置设计和电器元件布置图的设计，并完成电气控制装置接线图的绘制和电力装备的施工。

## （一）电气设备总体配置设计

一台生产机械往往由若干台电动机来拖动，而各台电动机又由许多电器元件来控制，这些电动机与各种电器元件都有一定的装配位置。如电动机与各种执行元件（电磁铁、电磁阀、电磁离合器和电磁吸盘）及各种检测元件（如行程开关、传感器、温度继电器、压力继电器和速度继电器等）都必须安装在生产机械的相应部位，各种控制电器（如各种继电器、接触器、电阻、断路器、控制变压器和放大器）以及各种保护电路（如熔断器、热继电器等）则安放在单独的电器控制箱内；而各种控制按钮、控制开关、指示灯、指示仪表和需经常调节的电位器等，则安装在控制台的面板上。由于各种电器元件安装位置不同，在构成一个完整的电气控制系统时，必须划分组件，并解决好组件之间和电器控制箱与被控制装置之间的连线问题。组件的划分原则为：

1）将功能类似的元件组合在一起，构成控制面板组件、电气控制盘组件和电源组件等。

2）将接线关系密切的电器元件置于同一组件中，以减少组件之间的连线数量。

3）强电与弱电控制相分离，以减少干扰。

4）为求整齐美观，将外形尺寸相同、重量相近的电器元件组合在一起。

5）为便于检查与调试，将需经常调节、维护和易损元件组合在一起。

电气设备的各部分及组件之间的接线方式通常有：

1）电器控制盘、机床电器的进出线一般采用接线端子。

2）被控制设备与电气控制箱之间为便于拆装、搬运，尽可能采用多孔接插件。

3）印制电路板与弱电控制组件之间宜采用各种类型的插接件。

## （二）电器元件布置图的设计

电器元件布置图是将电器元件按一定原则组合的安装位置图。电器元件布置的依据是各部件的原理图，同一组件中电器元件的布置应按国家标准执行。

国家标准规定：电气柜内电器元件必须位于维修站台之上 0.4~2m。所有元器件的接线端子和互连端子，必须位于维修台之上至少 0.2m 处，以便于拆装导线。

安排柜内元器件时，必面保留规定的电气间隙和爬电距离，并考虑有关的维修要求。

电柜和壁龛中裸露、无电弧的带电零部件与电柜或壁龛导体壁板间应有合适间隙：

250V以下电压，不小于15mm；250～500V电压，不小于25mm。

电柜内电器的安排，按照用户技术要求制作的电气装置，至少要留出10%面积备用，以供控制装置改进或局部修改。

柜门上除安装手动控制开关、信号和测量仪表外，不得安装其他元器件。

将电源电压直接供电的电器安装在一起，且与控制变压器供电的电器分开。

电源开关应安装在电柜内右上方，其操作手柄应装在电柜前面或侧面。柜内电源开关上方不要安装其他电器，否则，应把电源开关用绝缘材料盖住，以防发生电击。

遵循上述规定，电柜内的电器可按下述原则布置：

1）体积大或较笨重的电器应置于控制柜下方。

2）发热元件安装在电柜的上方，并将发热元件与感温元件彼此隔开。

3）强电弱电应分开，弱电部分应加屏蔽隔离，以防强电及外界的干扰。

4）电器的布置应整齐、美观、对称。外形尺寸与结构类似的电器安装在一起，以利于施工、安装和配线。

5）电器元件间应留有一定间距，以利于布线、接线、维修和调整操作。

6）接线座的布置：用于相邻柜连接用的接线座应布置在柜的两侧；用于与柜外电器元件连接的接线座应布置在柜的下部，且不得低于200mm。

### （三）电气控制装置接线图的绘制

根据电气控制线路图和电器元件布置图绘制电气控制装置的接线图。接线图应按以下原则绘制：

1）接线图的绘制应符合GB/T 16988.1—2008《电气技术用文件的编制 第1部分：规则》中的规定。

2）电器元件相对位置与实际安装位置一致。

3）接线图中同一电器元件中各带电部件，如线圈、触点等采用集中表示法绘制，且要在一个细实线框内。

4）所有电器元件的文字符号及其接线端钮的线号标注均与电气控制线路图完全相符。

5）电气接线图一律采用细实线绘制，应清楚标明各电器元件的接线关系和接线去向，其连接关系应与电气控制线路图完全相符。连接导线的走线方式有板前走线与板后走线两种，一般采用板前走线。对于简单的电气控制装置，电器元件数量不多，接线关系较简单，可在接线图中直接画出元件之间的连线。对于复杂的电气控制装置，电器元件数量较多，接线关系较复杂时，一般采用线槽布线。此时，只要在各电器元件上标出接线号，不必画出各元件之间的连接线。

6）接线图中应标明连接导线的型号、规格、截面积及颜色。

7）进出控制装置的导线，除大截面动力电路导线外，都应经过接线端子板。端子板各端钮按接线号顺序排列，并将动力线、交流控制线、直流控制线和信号指示线分类排列。

### （四）电力装备的施工

#### 1. 电气控制柜内的配线施工

1）不同性质与作用的电路选用不同颜色的导线：交流或直流动力电路用黑色；交流控制电路用红色；直流控制电路用蓝色；联锁控制电路用橘黄色或黄色；与保护导线连接的电路用白色；保护导线用黄绿双色；动力电路中的中性线用浅蓝色；备用线与备用电路导线颜

色一致。弱电电路可采用不同颜色的花线，以区别不同电路，颜色自由选择。

2）所有导线，从一个接线端到另一个接线端必须是连续的，中间不许有接头。

3）控制柜内电器元件之间的连接线截面积按电路电流大小来选择，一般截面在 $0.5mm^2$ 以下时应采用独股硬线。

4）控制柜常用的配线方式有板前配线、板后交叉配线与行线槽配线，应视控制柜具体情况而定。

**2. 电柜外部配线**

1）所用导线皆为中间无接头的绝缘多股硬导线。

2）电柜外部的全部导线（除有适当保护的电缆线外）一律都要安放在导线通道内，具有适当的机械保护，具有防水、防切屑和防尘作用。

3）导线通道应有一定裕量，若用钢管，其管壁厚度应大于1mm；若用其他材料，其壁厚应具有与上述钢管相应的机械强度。

4）所有穿管导线，在其两端必须标明线号，以便于日后查找和维修。

5）穿行在同一保护管中的导线应加入备用导线，其根数可按表8-2的规定进行配置。

表8-2 管中备用线的数量

| 同一管中同色同截面导线的根数 | 3~10 | 11~20 | 21~30 | 30 以上 |
|---|---|---|---|---|
| 备用导线的根数 | 1 | 2 | 3 | 每递增10根，增加1根 |

**3. 导线截面积的选用**

导线截面积应按正常工作条件下流过的最大稳定电流来选择，并考虑环境条件。表8-3列出了机床用导线的载流量，这些数值为正常工作条件下的最大稳定电流。另外，还应考虑电动机的起动、电磁线圈吸合及其他电流峰值引起的电压降。为此，表8-4中又列出了导线的最小截面积，供选择时考虑。表8-3列出的为铜芯导线，若用铝线代替铜线，则表8-3中的数值应乘以系数0.78才为铝线的载流量。

表8-3 机床用导线的载流量

| 导线截面积/$mm^2$ | 一般机床载流量/A | | 机床自动线载流量/A | |
|---|---|---|---|---|
| | 在线槽中 | 在大气中 | 在线槽中 | 在大气中 |
| 0.198 | 2.5 | 2.7 | 2 | 2.2 |
| 0.283 | 3.5 | 3.8 | 3 | 3.3 |
| 0.5 | 6 | 6.5 | 5 | 5.5 |
| 0.75 | 9 | 10 | 7.5 | 8.5 |
| 1 | 12 | 13.5 | 10 | 11.5 |
| 1.5 | 15.5 | 17.5 | 13 | 15 |
| 2.5 | 21 | 24 | 18 | 20 |
| 4 | 28 | 32 | 24 | 27 |
| 6 | 36 | 41 | 31 | 34 |
| 10 | 50 | 57 | 43 | 48 |
| 16 | 68 | 76 | 58 | 65 |

（续）

| 导线截面积/mm² | 一般机床载流量/A | | 机床自动线载流量/A | |
|---|---|---|---|---|
| | 在线槽中 | 在大气中 | 在线槽中 | 在大气中 |
| 25 | 89 | 101 | 76 | 86 |
| 35 | 111 | 125 | 94 | 106 |
| 50 | 134 | 151 | 114 | 128 |
| 70 | 171 | 192 | 145 | 163 |
| 95 | 207 | 232 | 176 | 197 |

表8-4　导线的最小截面积　　　　　　　　　　（单位：mm²）

| 使用场合 | 导　线 | | 电　缆 | | |
|---|---|---|---|---|---|
| | 软线 | 硬线 | 双芯 | | 三芯及以上 |
| | | | 屏蔽 | 不屏蔽 | |
| 电柜外 | 1 | — | 0.75 | 0.75 | 0.75 |
| 电柜外频繁运动的机床部件之间的连接 | 1 | — | 1 | 1 | 1 |
| 电柜外很小电流的电路连接 | 1 | — | 0.3 | 0.5 | 0.3 |
| 电柜内 | 0.75 | — | 0.75 | 0.75 | 0.75 |
| 电柜内很小电流的电路连接 | 0.2 | 0.2 | 0.2 | 0.2 | 0.2 |

**4. 检查、调整与试运行**

电气控制装置安装完成后，在投入运行前为了确保安全可靠，必须进行认真细致的检查、试验与调整，主要步骤为：

1）检查接线图。根据电气控制线路图即原理图，仔细检查接线图是否准确无误，特别要注意线路标号与接线端子板触点标号是否一致。

2）检查电器元件。对照电器元件明细表，逐个检查所安装电器元件的型号、规格是否相符，特别要注意线圈额定电压是否与工作电压相符，电器元件触点数是否够用等。

3）检查接线是否正确。对照电气原理图和电气接线图认真检查接线是否正确。为判断连接导线是否断线或接触是否良好，可在断电情况下借助万用表上的欧姆挡进行检测。

4）进行绝缘试验。为确保绝缘可靠，必须进行绝缘试验。试验包括将电容器及线圈短接；将隔离变压器二次侧短路后接地；对于主电路及与主电路相连接的辅助电路，应加载2.5kV的正弦电压有效值，历时1min，试验其能否承受；不与主电路相连接的辅助电路，应在加载2倍额定电压的基础上再加1kV，且历时1min，不被击穿方为合格。

5）检查、调整电路动作的正确性。在上述检查通过后，就可通电检查电路动作情况。通电检查可按控制环节一部分一部分地进行。注意观察各电器的动作顺序是否正确，指示装置是否正常。在各部分电路工作完成正确的基础上，才可进行整个电路的系统检查。在这个过程中常伴有一些电器元件的调整，如时间继电器、行程开关等。这时，往往需与机修钳工、操作人员协同进行，直至全部符合工艺和设计要求，这时控制系统的设计与安装工作才算全面完成。

## 参 考 文 献

[1] 李敬梅. 电力拖动控制线路与技能训练[M]. 5版. 北京：中国劳动社会保障出版社，2014.
[2] 苗玲玉，孙秀延. 电气控制技术[M]. 2版. 北京：机械工业出版社，2017.
[3] 王兰军，王炳实. 机床电气控制与PLC[M]. 2版. 北京：机械工业出版社，2018.